Raúl Henríquez
Andrea Henríquez

Análisis de fallas

AF568758

Raúl Henríquez
Andrea Henríquez

Análisis de fallas

Modos, causas e investigación de fallas

Editorial Académica Española

Imprint
Any brand names and product names mentioned in this book are subject to trademark, brand or patent protection and are trademarks or registered trademarks of their respective holders. The use of brand names, product names, common names, trade names, product descriptions etc. even without a particular marking in this work is in no way to be construed to mean that such names may be regarded as unrestricted in respect of trademark and brand protection legislation and could thus be used by anyone.

Cover image: www.ingimage.com

Publisher:
Editorial Académica Española
is a trademark of
International Book Market Service Ltd., member of OmniScriptum Publishing Group
17 Meldrum Street, Beau Bassin 71504, Mauritius

Printed at: see last page
ISBN: 978-620-2-10204-9

Copyright © Raúl Henríquez, Andrea Henríquez
Copyright © 2018 International Book Market Service Ltd., member of OmniScriptum Publishing Group
All rights reserved. Beau Bassin 2018

INDICE

PROLOGO

Existe una antigua creencia de que una persona ha cumplido su misión en la vida si ha realizado la siguiente trilogía: tener un hijo, plantar un árbol y escribir un libro. Tuve dos hijas, planté algunos árboles y escribí un libro sobre Vibraciones Mecánicas. Por lo tanto: ¡MISIOM CUMPLIDA!

Sin embargo, después de haber trabajo por 45 años y próximo a retirarme, he reflexionado que aún me queda una tarea por ejecutar: ESCRIBIR UN LIBRO SOBRE "ANALISIS DE FALLAS".

En mi carrera profesional he desempeñado labores docentes en los tres niveles de educación de nuestro país: Básica, Media y Educación Superior. En la Educación Básica, le saqué lustre a mi título de Profesor Normalista, obtenido en la Escuela Normal de Victoria, haciendo clases en la Escuela de Tranamán (cercana a Purén, Provincia de Malleco); en la Educación Media fui profesor de Matemáticas y Física en el Liceo de Hombres y Escuela Industrial de Angol, mientras estudiaba Ingeniería Mecánica en la Universidad Técnica del Estado, en Temuco. En la Educación Superior he realizado labores docentes en la ex Universidad Técnica del Estado, Sede Angol, en la Sede Arica de la Universidad del Norte, Universidad de Tarapacá, Universidad Católica del Norte y, finalmente, en la Universidad de Antofagasta. En la actividad no docente trabajé en el Servicio de Cooperación Técnica, SERCOTEC, y en la empresa ariqueña CORMET. Paralelamente a mi labor docente he desarrollado asesoría para diversas empresas, empezando por las antiguas empresas pesqueras de la Primera y Segunda Región, Codelco Chuquicamata y Radomiro Tomic, Minera Escondida, Lomas Bayas, Spence, Komatsu, Bucyrus, Cummins, CAP Vallenar, Ferrocarril Antofagasta-Bolivia. Plantas Termoeléctricas, etc.

Durante los años 1982-83 obtuve el Grado de Master en Metalurgia Física y Mecánica en el Centro de Investigaciones Técnicas de San Sebastián, de la Universidad de Navarra, España. Finalmente, en los años 1993-95 hice el Doctorado en Ciencias de la Ingeniería, Mención Materiales, en la Universidad de Chile. Lamentablemente, por razones familiares y laborales, no pude dar término a la Tesis para la obtención del grado de Doctor.

En la parte administrativa de la Universidad de Antofagasta, me desempeñé como Vice-rector Académico entre los años 1996 y 1998, y posteriormente, como Vice-rector Económico hasta el año 2002.

Durante más de 40 años se ha adquirido una gran experiencia dictando cursos en disciplinas tales como Estática, Dinámica Ciencia de Materiales, Metalurgia Física, Resistencia de Materiales 1 y 2, Conformado de los metales, Metalurgia de la Soldadura, Ensayos No destructivos, Selección de Materiales, Corrosión, Recubrimientos, Vibraciones, Diseño de Máquinas, Proyectos de Ingeniería, Análisis de Fallas.

En Análisis de Fallas se han dictado cursos de capacitación para Profesionales de la Industria regional, para las carreras de Ingeniería Mecánica y para el Curso de Magister en Ingeniería y Tecnología de los Materiales de la Universidad de Antofagasta. En cuanto al ejercicio práctico del Análisis de Fallas, sin tener una cuenta exacta, estimo que debo haber realizado unas 300 Investigaciones de Fallas, incluyendo algunas que, lamentablemente, significaron pérdida de vidas humanas.

Por otra parte, una búsqueda de material bibliográfica muestra que, en español, sólo existen Apuntes de Cursos [1, 2] y una gran cantidad de trabajos sobre materias específicas. En términos formales se encuentra el Volumen 11 del Metals Handbook de la American Society of Metals, ASM, [3], cuya octava edición se ha terminado de traducir completamente por el autor.

Con esa información a la vista, he tomado la decisión de escribir un Libro sobre "Análisis de Fallas", dirigido a Profesionales de la Ingeniería de Mantenimiento, de Diseño, e incluso de Manufactura, y, naturalmente, a estudiantes de Ingeniería Mecánica de Pre y Post Grado. Pero este libro no está dirigido a los "gestores" del Mantenimiento o del Análisis de Fallas, sino a los verdaderos ANALISTAS, es decir, a los "obreros", del Análisis de Fallas, los que hacen la Inspección Visual, que hacen las mediciones, que hacen u ordenan las tomas de muestras, que ejecutan u ordenan los ensayos mecánicos destructivos y no destructivos, que ejecutan u ordenan los análisis químicos y metalográficos, que hacen los análisis de esfuerzos, que tienen la responsabilidad de identificar el o los modos de falla y la causa raíz de la falla, y finalmente, hacer las recomendaciones preventivas para evitar la ocurrencia de nuevas fallas.

Mi esperanza es que este trabajo pueda ayudar especialmente a los Ingenieros de Mantenimiento, de modo que el Análisis de Fallas, ejecutado adecuadamente, pueda contribuir a mejorar su gestión, elevando indicadores tales la DISPONIBILIDAD Y LA CONFIABILIDAD, que habitualmente preocupan y ocupan a estos profesionales.

El trabajo completo está dividido en seis capítulos. Se inicia con el capítulo de INTRODUCCION que contiene una breve historia, conceptos y definiciones generales.

El capítulo 2 trata los modos de falla. Se describen extensamente los modos de falla más recurrentes, como fractura (dúctil, frágil y por fatiga), deformación plástica, corrosión en sus diversas formas y desgaste, poniendo énfasis en el desgaste abrasivo, su forma más frecuente. Pero no por ello se descuidan otros modos de falla como el creep, fretting, deformación elástica, etc.

El capítulo 3 trata acerca de las causas que producen fallas, identificando los orígenes de las fallas. Aquí se estudian las causas que se originan en el diseño, en defectos de los materiales, en procesos de fabricación defectuosos, en el montaje, en el mantenimiento y por operación inadecuada.

El capítulo 4 aborda las Técnicas de Investigación para el Análisis de Fallas, incluyendo análisis químicos y metalográficos, Ensayos No Destructivos, Ensayos Mecánicos (Dureza, Tracción, Fatiga, Charpy), Análisis de Esfuerzos y Mecánica de la Fractura.

El capítulo 5 incluye el análisis de diversos casos reales de investigaciones de fallas ejecutados por el autor, en los que se muestra la metodología aplicada, se llega a determinar la causa más probable de falla y se hacen las recomendaciones que se consideraron adecuadas.

Finalmente, el capítulo 6 aborda el tema de la Prevención de Fallas, recurriendo especialmente a la aplicación de las Normas ISO 9000 para este efecto.

Entrego este trabajo, con la esperanza de contribuir, aunque sea en una mínima parte, a facilitar y mejorar algunas tareas de nuestros ingenieros, especialmente los de diseño y mantenimiento.

RAUL HENRIQUEZ TOLEDO

ANTOFAGASTA ENERO DE 2018

CAPITULO 1

INTRODUCCION

1.1. Aspectos generales

En el ámbito industrial, el Análisis de Fallas no un tema de muy larga data. Hasta los años 70 del siglo pasado, el tema casi se limitaba a la investigaciones de las catástrofes aéreas. Un caso notable fue el accidente del transbordador espacial Challenger que explotó el 28 de Enero de 1986, a sólo 73 s después de producido el lanzamiento; posteriormente, otro transbordador espacial, el Columbia, explota en su reingreso a la atmósfera terrestre, el 01 de Febrero de 2003. Otro accidente notable, provocado por la rotura de una de las barras de dirección, fue el que costó la vida del piloto de F 1, Ayrton Senna, el 01 de Mayo de 1994, en el Gran Premio de San Marino.

Pero a partir de los años 80, el Análisis de Fallas ha ido tomando posiciones en la Industria, especialmente a partir de que los Administradores comprendieron que, debido a las bajas en los precios de los commodities enfrentaban un tremendo desafío: disminuir costos y aumentar la productividad. Y concluyeron que un factor de interés era disminuir o evitar las fallas, en vista de que este tema controlaba fuertemente sus indicadores de DISPONIBILIDAD Y CONFIABILIDAD. Así queda claro que para aumentar el tiempo medio entre fallas (MTBF, del inglés mean time between failures) era necesario conocer las causas de las fallas y seguir las recomendaciones dadas por los analistas para evitar su ocurrencia. Entonces, con esta actitud y disposición se empiezan a hacer análisis de fallas de ejes que se fracturan prematuramente, de pernos que se cortan incluso durante el proceso de apriete, antes de entrar en operación, de intercambiadores de calor que fallan por corrosión, mangos de palas, pasadores en las más diversas posiciones, etc.

Ya en este siglo se ha empezado a llamar INGENIERIA FORENSE al Análisis de Fallas, considerado por algunos como un concepto de más alcurnia, pero otros autores consideran que este concepto se aplica solamente a las investigaciones de fallas requeridas por los Tribunales de Justicia, cuando las fallas originan litigios, ya sea por pérdidas económicas o de vidas humanas [4, 5].

En la actualidad, en el Departamento de Ingeniería Mecánica y en el Centro de Materiales de la Facultad de Ingeniería de la Universidad de Antofagasta se realiza una gran actividad de Asistencia Técnica a la industria regional, especialmente en Análisis de Fallas. Es especialmente notable el desarrollo que ha experimentado esta actividad en los últimos cinco años, lo que demuestra el interés y la confianza que ha ido adquiriendo la industria en las respuestas que se da a sus requerimientos. Su campo de acción es tan amplio que cubre desde corte de pernos, fractura de ejes, fallas por corrosión, fallas en componentes y estructuras soldadas, determinación de vida útil residual en equipos que han alcanzado su vida útil teórica, etc.

1.2. Breve historia

Probablemente la historia se inicia en el año 1540 con la primera publicación que se conoce, referida a "la apariencia de las fracturas como medio para controlar la calidad de las aleaciones ferrosas y no ferrosas". A partir de esta fecha, el desarrollo del microscopio para ser utilizado en metalurgia, el desarrollo del microscopio electrónico de barrido, SEM, y el de transmisión, TEM, las diversas técnicas radiográficas, los ensayos no destructivos, el desarrollo de técnicas de elementos finitos para el análisis de esfuerzo en piezas con geometrías complicadas, el desarrollo de la Mecánica de la Fractura que ha permitido estudiar el crecimiento de grietas por fatiga, etc., han contribuido notablemente al progreso del Análisis de Fallas.

Muchos científicos de los que hemos oído hablar por otras razones, tales como Brinell, Martens, Bain, Wöhler, Widmanstatten, Gerber, Miner, Soderberg, Goodman, Marin, Paris, y tantos otros, que con sus contribuciones a la Ciencia de Materiales y a la Metalurgia Física, indirectamente ayudaron significativamente al desarrollo del Análisis de Fallas.

Es probable que el primer accidente aéreo de la historia, ocurrido el 17 de Septiembre de 1908, en Fort Myer, USA. En el tercer vuelo demostrativo, llevando un pasajero a bordo, el avión pilotado por Orville Wright, se precipitó a tierra fuera de control, teniendo como consecuencia la muerte del pasajero y graves lesiones para el piloto. Wilbur, hermano de Orville, que en esos mismo días se encontraba en Francia, ordenó inmediatamente el envío del avión que falló a Francia, de modo de realizar una completa y rigurosa investigación. Esto fue una década antes de que se introdujera la disciplina formal llamada Análisis de Fallas. En la fotografía de la Fig. 1.1 se muestra el avión de los hermanos Wright.

Fig. 1.1. Avión de los hermanos Wright

En la figura 1.2 se muestran los restos del avión de los hermanos Wright después del accidente.

Los aviones COMET (Fig. 1.3) fueron desarrollados por la empresa británica De Havilland, constituyéndose en el primer avión comercial a reacción; empezaron sus vuelos en 1949. A partir de 1952 se inició una seguidilla de accidentes; el primero ocurrió el 26 de octubre de 1952, en un despegue frustrado, que, finalmente terminó sin fatalidades. El 3 de Mayo de 1953 sucedió algo parecido, pero esta vez murió toda la tripulación que iban a bordo. El día anterior, otro avió COMET estalló en pleno vuelo, sin sobrevivientes. Dos accidentes similares, ocurridos el 10 de Enero y el 8 de Abril de 1954 llevaron a la decisión de inmovilizar en tierra toda la flota de aviones COMET. Después de un año de investigaciones se llegó a la conclusión de fallas por fatiga habían sido las causas de los accidentes. Se daba inicio así al Análisis de Fallas formal y sistemático.

Fig. 1.2. Restos del avión de los hermanos Wright después del accidente

Fig. 1.3. Avión a reacción comercial COMET

En la fotografía de la Fig. 1.4. se muestra el inicio de la falla por fatiga en un fragmento recuperado de uno de los aviones siniestrados.

Desde los accidentes de los aviones COMET cada catástrofe aérea se transforma en un desafío para los investigadores quienes deben determinar la o las causas de la falla y recomendar las acciones preventivas y/o correctivas que sean necesarias para mejorar la seguridad aérea.

Desde los accidentes de los aviones COMET cada catástrofe aérea se transforma en un desafío para los investigadores quienes deben determinar la o las causas de la falla y recomendar las acciones preventivas y/o correctivas que sean necesarias para mejorar la seguridad aérea.

Fig. 1.4. Origen de la falla por fatiga en uno se los aviones siniestrados

En el ámbito industrial también han ocurrido una gran cantidad de accidentes catastróficos con millonarias pérdidas económicas y cientos o miles de muertos. Por brevedad, sólo se enumerarán los accidentes que han sido considerados los 10 más grandes de la historia [6].

- Fábrica de pesticidas (India 1984): Se estima que el gas tóxico mató directamente entre 7000 y 10000 personas en la primera semana y otras 25000 personas durante los siguientes 20 años.
- Mina de Senghenydd (Reino Unido – 1913): Una explosión de gas metano terminó con la vida de 439 trabajadores.
- Mina de Courrières (Francia – 1906): Una explosión provocada por la ignición de polvo de carbón deja un saldo de 1099 muertos.
- Explosión del silo Oppau (Alemania – 1921): La explosión de una Planta de fertilizantes provoca entre 600 y 700 muertos.
- Mina de Benxiu (Lianoning, China – 1942): En una explosión de gases liberados por el carbón deja un total de 1140 personas fallecidas.
- Explosión del barco Grandcamp (EEUU – 1947): El barco Grandcamp, cargado con nitrato de amonio, sufre un incendio que provoca una reacción en cadena que provocaron explosiones en refinerías cercanas, otro barco cercano y dos aviones en pleno vuelo. Saldo final: 578 muertos.
- Desbordamiento de la presa de Banquiao (Henan, China 1975): Provoca la muerte de alrededor de 250.000 personas y la destrucción once millones de viviendas.

- Desastre de Chernobyl (Ucrania – 1986): Debido a una serie de errores cometidos durante una prueba programada con anterioridad, se produjo un gran accidente nuclear que liberó material radioactivo unas 200 veces mayor que las bomas de Hiroshima y Nagasaki. Según cifras de Gobierno de Ucrania hubo cerca de medio millón de muertes.
- Explosión del arsenal de Capo Ojhri (Pakistán- 1988): 1.300 muertes en esta explosión.
- Colapso del edificio textil de Savar (Bangladesh – 2013): Incendio y derrumbe de un edificio provoca 1.129 muertes.

A la luz de las cifras vistas en los diez peores accidentes industriales de la historia, surge un nuevo comensal en la mesa de los Analistas de fallas: EL PREVENCIONISTA DE RIESGOS. Lógicamente, la gran mayoría, si no todos, los accidentes son producidos por algún tipo de falla: de material, de diseño, de fabricación, de montaje, de operación, y, muchas de ellas, por fallas humanas. Por ello surge como conveniente la creación de grupos integrales, que incorporen la Prevención de Riesgos, tanto en los equipos de Diseño, como de Operación y Mantenimiento.

1.3. Definiciones fundamentales

1.3.1. Falla: El término FALLA se define, literalmente, como defecto material de una cosa que disminuye su resistencia; no responder a lo que de ella se espera, o tener algún defecto que le resta perfección. En forma más en general, la falla mecánica puede definirse como cualquier cambio en el tamaño, forma, aspecto o propiedades del material de una estructura, máquina o parte de máquina, que lo hace incapaz de desarrollar satisfactoriamente su función de diseño.

Según el Metals Handbook de la ASM [3] (American Society for Metals), se considera que una pieza o un conjunto de ellas ha fallado, cuando se cumple alguna de las tres condiciones siguientes:

a. Cuando el equipo es completamente inoperable.
b. Cuando aún siendo operable, no es capaz de cumplir satisfactoriamente la función de diseño.
c. Cuando el deterioro es tan evidente que su uso continuado es poco confiable o inseguro, necesitándose la inmediata remoción del servicio para su reparación o reemplazo.

1.3.2. Análisis de falla: El Análisis de Fallas puede definirse como la disciplina que se ocupa de las formas de determinar la o las causas primarias que han provocado una falla, con el objeto de que, una vez conocidas éstas, se puedan determinar y ejecutar las medidas correctivas para prevenirlas.

1.3.3. Modo de falla: El modo de falla es el proceso físico o los procesos que tienen lugar o combinan sus efectos para producir la falla. En otras palabras es el hecho físico que se observa a simple vista como la falla misma; por ejemplo fractura, corrosión, desgaste, sobrecalentamiento, vibraciones excesivas, fuga de fluido de una tubería, excesivo material particulado en lubricantes, etc. Según ISO 14224 [7] "es el efecto por el cual una falla es observada"

1.3.4. Causa de falla: La misma Norma ISO 14224 define causas de falla "como las circunstancias durante el diseño, la fabricación o el uso, las cuales han conducido a una falla. El estándar enfatiza que para la identificación de las causas de una falla, se necesita realizar una investigación exhaustiva por medio de un análisis Causa Raiz de Fallas para descubrir los factores físico, humanos y organizacionales fundamentales, que pudieran ocasionarla".

1.3.5. Mecanismo de falla: Según API RP 581 [8] los mecanismos de falla son los "Procesos que inducen cambios perjudiciales en el tiempo y que afectan las condiciones o propiedades mecánicas de los materiales. Los mecanismos falla o de deterioro suelen ser graduales, acumulativos y en algunos casos irrecuperables".

Aclaremos con un ejemplo: Supongamos que se detecta una fuga de gas en una tubería; éste sería el modo de falla. Los mecanismos para producir este modo de falla pueden ser varios: adelgazamiento o pérdida de espesor interno, agrietamiento, ataque por hidrógeno a alta temperatura, fragilización, fatiga mecánica, corrosión externa, etc.

1.3.6. Fatiga: Según ASTM E 1823 [9], es "el proceso de cambio estructural permanente localizado y progresivo que ocurre en un material sometido a condiciones que producen tensiones y deformaciones fluctuantes en algún punto o puntos y que puede culminar en grietas o una fractura completa después de un número suficiente de fluctuaciones".

1.3.7. Deformación elástica: Es el cambio de dimensiones de un material cuando es sometido a una carga dentro de la zona elástica, y que desaparece al eliminar la carga. En esta zona se cumple la Ley de Hooke.

1.3.8. Deformación plástica: Es el cambio de dimensiones de un material cuando es sometido a una carga superior al límite elástico, y que permanece al eliminar la carga.

1.3.9. Grieta: Abertura en un material cuyo ancho de abertura excede a 0.3 mm.

1.3.10. Fisura: Abertura en un material cuyo ancho de abertura es inferior a 0.3 mm.

CAPITULO 2

MODOS DE FALLA

2.1. Generalidades

En el capítulo anterior se definió el modo de falla como el proceso físico o los procesos que tienen lugar o combinan sus efectos para producir la falla. Es decir, es el hecho físico que se observa a simple vista como la falla misma; por ejemplo fractura, corrosión, desgaste, sobrecalentamiento, vibraciones excesivas, fuga de fluido de una tubería, excesivo material particulado en lubricantes, etc. Podemos agregar que es la forma en que se manifiesta una falla o es la manifestación de la falla.

Una falla podemos clasificarla de acuerdo con las siguientes tres categorías:

(1) Manifestaciones de falla
(2) Agentes que inducen fallas
(3) Ubicación de la falla.

En términos generales, existen cuatro manifestaciones físicas de falla:

1. Deformación elástica (reversible, no permanente).
2. Deformación plástica (permanente).
3. Ruptura o fractura.
4. Cambio de material.
   A. Metalúrgico (Cambios de fase, por ejemplo)
   B. Químico (carburización/descarburización, contaminación externa).
   C. Nuclear (por radiaciones, por ejemplo).

Los cuatro agentes que inducen falla, cada uno con subcategorías son: la fuerza, el tiempo, la temperatura y los ambientes reactivos.

1. Fuerza.

   A. Estacionaria (permanente).
   B. Transitoria.
   C. Cíclica.
   D. Aleatoria.
   E. Aplicada gradualmente
   F. Aplicada repentinamente (fuerza de impacto).

2. Tiempo.

   A. Muy corto. B. Corto. C. Largo.

3. Temperatura.

   A. Baja
   B. Ambiente.
   C. Elevada (oxidación, creep).
   D. Estacionaria.
   E. Cíclica
   F. Aleatoria

4. Ambientes reactivos.

A. Químico (corrosión). B. Nuclear.

Las dos ubicaciones de falla son:

1. En la superficie 2. En el cuerpo.

Para ser precisos en la descripción de un modo específico de falla es necesario seleccionar las categorías adecuadas sin omitir ninguna. Por ejemplo: se podría seleccionar fractura de la primera categoría, fuerza cíclica, tiempo muy largo y temperatura ambiente, y en el cuerpo en cuanto a la ubicación. Así, el modo de falla seleccionado podría describirse adecuadamente como fractura en el cuerpo, bajo fuerza cíclica a temperatura ambiente. Este modo de falla comúnmente se llama fractura por fatiga.

2.2. Modos de falla observados

La siguiente lista de modos de falla incluye todos los modos de fallas mecánicas observados comúnmente [3]. Al revisar la lista puede notarse que ciertos modos de falla son fenómenos simples, mientras que otros son fenómenos combinados. Por ejemplo, la corrosión y la fatiga están en la lista como modos de falla y la corrosión - fatiga se presenta como otro modo de falla. Tales combinaciones están incluidas debido a que ellas se observan comúnmente, son importantes y usualmente son sinergéticas. Es decir, en el caso de la corrosión - fatiga, por ejemplo, la presencia de corrosión activa agrava los procesos de fatiga y, al mismo tiempo, la presencia de cargas fluctuantes de fatiga agravan los procesos de corrosión.

1. Deformación elástica inducida por fuerza y/o temperatura.
2. Deformación plástica (Fluencia).
3. Indentación ("Brinnelling").
4. Fractura dúctil.
5. Fractura frágil.
6. Fractura por Fatiga.
   a. Fatiga de altos ciclos.
   b. Fatiga de bajos ciclos.
   c. Fatiga térmica
   d. Fatiga de superficie o de contacto.
   e. Fatiga por impacto.
   f. Corrosión - fatiga
   g. Fatiga por roce ("fretting").

7. Corrosión.

   a. Ataque químico directo (corrosión uniforme).
   b. Corrosión galvánica
   c. Corrosión en rendijas o hendiduras ("crevice corrosion").
   d. Corrosión por picado ("pitting").
   e. Corrosión intergranular.
   f. Lixiviación selectiva.
   g. Corrosión - erosión.

h. Corrosión - cavitación.
i. Daño por hidrógeno.
j. Corrosión biológica.
k. Corrosión bajo tensiones.

8. Desgaste.

a. Desgaste adhesivo.
b. Desgaste abrasivo.
c. Desgaste corrosivo.
d. Desgaste por fatiga de superficie.
e. Desgaste por deformación.
f. Desgaste por impacto.
g. Desgaste por roce.

9. Impacto.

a. Fractura por impacto.
b. Deformación por impacto.
c. Desgaste por impacto.
d. Fretting por impacto.
e. Fatiga por impacto.

10. Fretting.
a. Fatiga por fretting.
b. Desgaste por fretting.
c. Corrosión por fretting.

11. Creep (termofluencia).
12. Relajación térmica.
13. Ruptura por tensiones.
14. Choque térmico.
15. Raspado (“galling”) y agripamiento (“seizure”).
16. Astilladura (“spalling”).
17. Daño por radiación.
18. Pandeo.
19. Pandeo por creep.
20. Corrosión - desgaste.
21. Corrosión - fatiga.
22. Combinación de creep y fatiga.

2.3. Descripción de los modos de fallas. En esta sección se presenta una descripción detallada de los modos de falla más frecuentes.

2.3.1. Falla por deformación elástica
Este es un modo de falla frecuente, y que se encuentra en instrumentos de precisión y en dispositivos que operan con estrechas tolerancias. Se produce por la acciones de fuerzas y/o temperaturas que producen deformaciones elásticas. Pero por exigencias de las aplicaciones, estas deformaciones pueden ser suficientemente altas como para

interferir con la operación del componente. La figura 2.1. muestra dos casos de falla por deformación el+astica; a la izquierda la clásica falla por pandeo elástico; a la derecha una deformación torsional excesiva que puede volver inoperable un sistema de transmisión por engranajes,

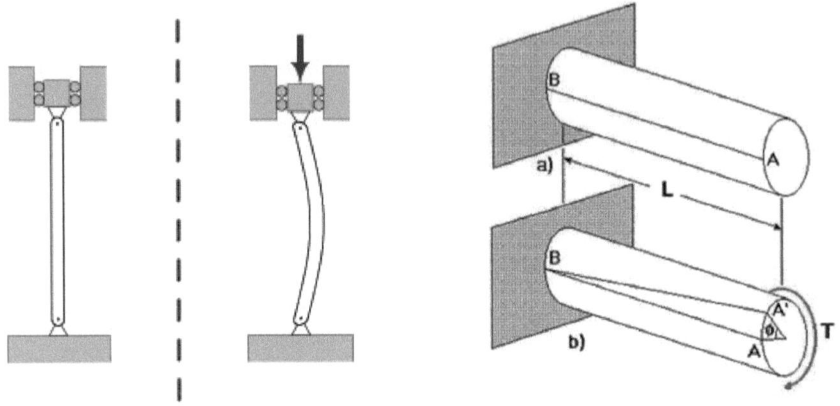

Fi. 2.1. Falla por deformación elástica

En la figura 2.2 se muestra un pistón con anillos nuevos y anillos que, en este caso, fallaron por desgaste, pero que también suelen fallar por excesiva deformación provocada por calentamientos del motor.

Fig. 2.2. Falla de anillos de motor

2.3.2. Falla por deformación plástica (fluencia)

La falla por fluencia se produce cuando las tensiones exceden la tensión de fluencia y la deformación plástica (no recuperable) en un componente de máquina construido con material dúctil, debido a las cargas o al movimiento operacional impuesto, llega a ser suficientemente grande para interferir con la habilidad de la máquina para llevar a cabo satisfactoriamente su función de diseño. Sin embargo, debe tenerse presente, que cuando se produce fluencia, local o generalizada, es porque la tensión aplicada ha excedido la tensión de fluencia del material, lo que en muchos reglamentos y normas resulta inaceptable. En la figura 2.3 se muestran diversas formas de falla por deformación plástica de tubos sometidos a cargas de compresión, de tracción y de flexión.

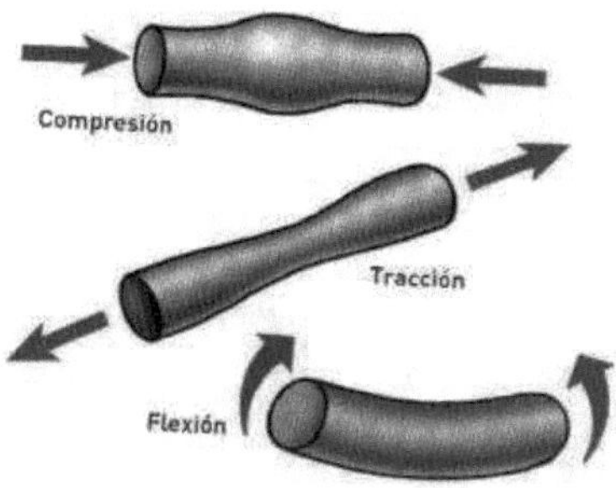

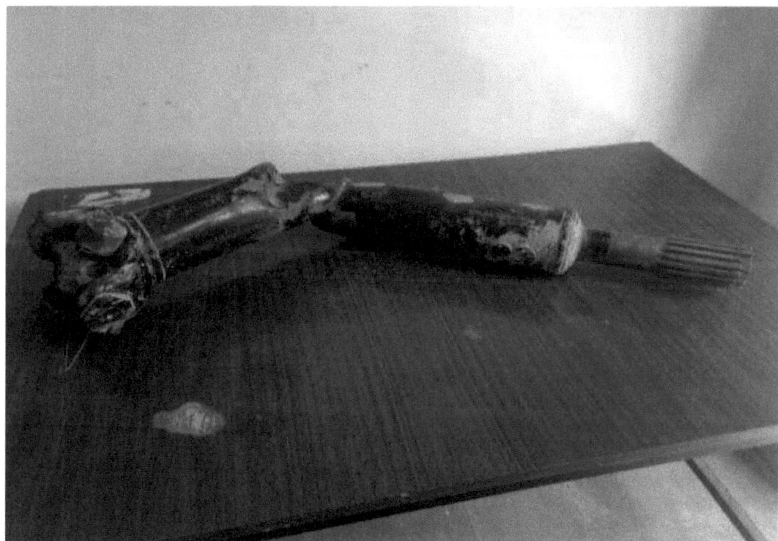

Figura 2.3. Falla por deformación plástica

En la medida que el material se deforma plásticamente se va endureciendo sigueindo la curva esfuerzo – deformación, pero, al mismo tiempo, va perdiendo ductilidad, es decir, se va haciendo más frágil, por lo que no es sorprendente que la excesiva deformación plástica puede culminar con fractura frágil.

2.3.3. Falla por fractura

El modo de falla por fractura incluye tres subcategorías de fallas, cada uno de las cuales se distingue de los otros por su aspecto macroscópico, aspecto microscópico, propiedades del material y por la forma de aplicación de las cargas. En las secciones siguientes se discute detalladamente cada una de estas subcategorías.Otra forma de clasificar las fracturas es de acuerdo al camino que sigue la grieta, agrupándolas como grietas intergranulares, cuando la ruta de crecimiento es por los bordes de grano, o transgranulares, cuando crecen a través de los granos.

2.3.3.1. Fractura dúctil

La falla por fractura dúctil se produce cuando la deformación plástica, en un componente de máquina que muestra comportamiento dúctil, es llevada al extremo de que el miembro se separa en dos partes. En el caso del ensayo de tracción, este tipo de fractura está estrechamente asociada a la formación de un cuello, fenómeno conocido como estricción; en la práctica adoptan la conocida forma de copa y cono que se muestra en la figura 2.4. La iniciación y coalescencia de huecos internos se propaga lentamente hasta la falla, dando una superficie de ruptura fibrosa y opaca.

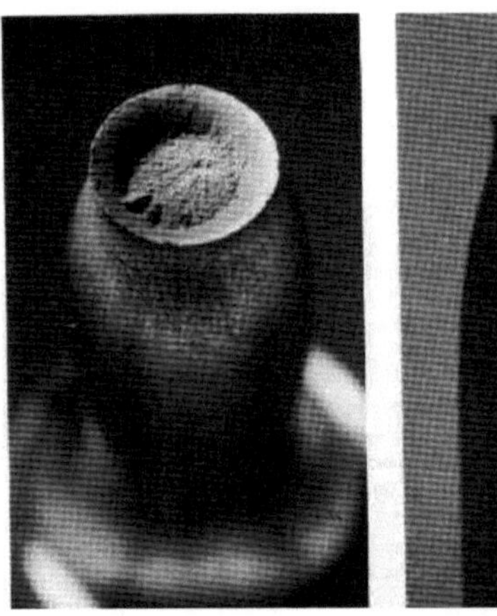

Figura 2.4: Fractura de copa y cono en el ensayo de tracción

En un nivel microscópico, la fractura dúctil es, en la mayoría de los casos, de tipo transgranular, es decir, la nucleación y crecimiento de grietas ocurre en el interior de los granos. Durante el proceso de deformación plástica se originan microcavidades en el interior de los granos (Figura 2.5), ya sea por agrietamiento de inclusiones frágiles, o por pérdida de cohesión en la interfaz matriz – partícula. Cuando se supera la capacidad del material de endurecerse por deformación, se inicia la formación del cuello y aparecen tensiones triaxiales que causan el crecimiento lateral de las microcavidades hasta que se unen (coalescen), formando una grieta de tamaño macroscópico. Las fracturas dúctiles se clasifican como fracturas planas y fracturas por corte o inclinadas.

Las fracturas de tipo plana se producen bajo condiciones de deformación plana, es decir, en secciones gruesas, con estricción, y típicamente ocurre en dirección perpendicular a la dirección de la carga, conformación de labios de corte en la unión de la superficie de fractura y la superficie de la pieza (Figura 2.6). La razón del área de la región de fractura plana al área de los labios de corte, es mayor según se aumenta el espesor de la pieza.

El examen microscópico de las fracturas planas en materiales dúctiles, con aumentos superiores a 100X, muestra la presencia de hoyuelos equiaxiales formados por coalescencia de microhuecos en la región plana, similares a los que se muestran en la figura 2.5.

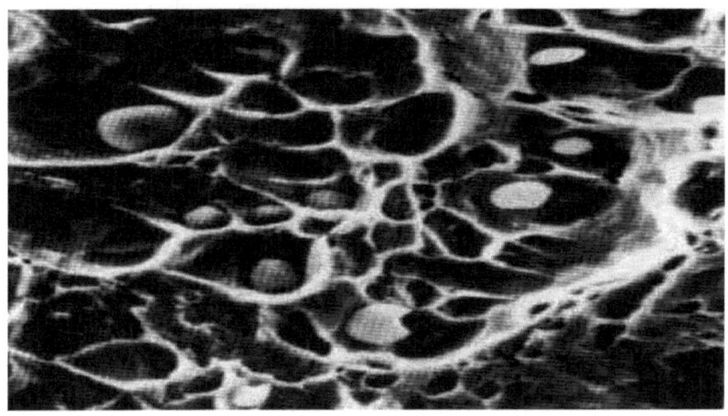

Fig. 2.5. Formación de microcavidades en interior de los granos. 5000X [3]

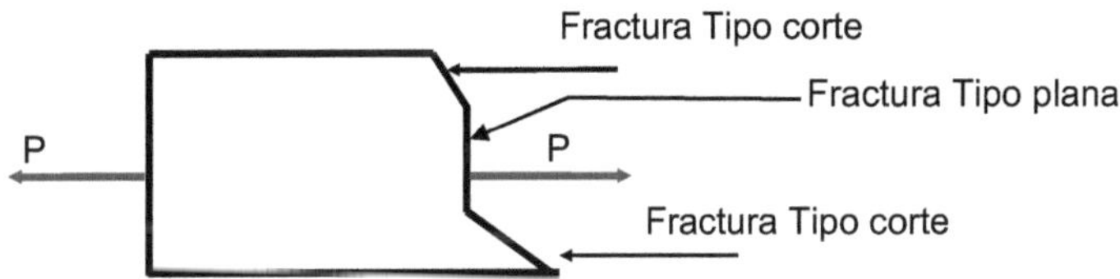

FIGURA 2.6. Fractura plana y de corte

La fractura tipo corte se produce bajo condiciones de tensión plana, es decir, en secciones delgadas o cerca de superficies libres, con o sin estricción, y típicamente se produce en ángulos de 45° con la superficie de la pieza. El examen microscópico de esta fractura revela la presencia de hoyuelos alargados con su eje mayor en la dirección de la fuerza de corte. Los hoyuelos alargados producidos por la tensión de corte apuntan en direcciones opuestas a la unión de las superficies de fractura. También pueden producirse hoyuelos alargados por desgarramiento en tracción, pero éstos apuntan en la misma dirección de la unión de las superficies de fractura.

La figura 2.7 muestra en forma esquemática las regiones de la superficie de fractura en una probeta de tracción cilíndrica; en la parte (a) se observa el cono de la superficie de fractura de una probeta recta, sin entalla, mientras que en la parte (b) se muestra la superficie de fractura de una probeta con entalla. Debe observarse en que en el segundo caso no se producen labios de corte debido a que la fractura se inicia en la raíz de la entalla.

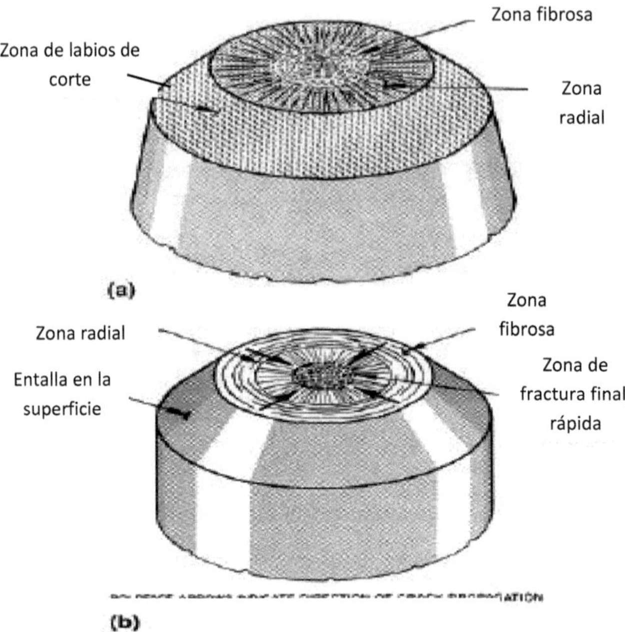

Fig. 2.7. Aspectos morfológicos de la superficie de fractura (a) Probeta sin entalla. (b) Probeta con una entalla.

2.3.3.2. Fractura frágil

La falla por fractura frágil, que se muestra en la figura 2.8 para una probeta de tracción, se produce cuando la deformación elástica, en un componente de máquina que exhibe un comportamiento frágil, es llevada al extremo de que los enlaces interatómicos primarios se rompen y el miembro se separa en dos o más partes. Los defectos preexistentes o grietas formadas en los lugares de iniciación, se propagan muy rápidamente hasta la falla catastrófica, produciendo una superficie de fractura granular, brillante y con múltiples facetas.

Las fracturas frágiles se caracterizan por una rápida propagación de la grieta, con menor consumo de energía que la fractura dúctil y sin deformación plástica generalizada apreciable. Las fracturas frágiles tienen una apariencia granular y brillante, son del tipo plano y se producen bajo condiciones de deformación plana, con poca o ninguna estricción. Son tipificadas por superficies de fractura que casi no tienen detalles relevantes, que generalmente es normal a la dirección de la carga; se producen típicamente en los materiales inherentemente frágiles (vidrios, hormigón, fundiciones grises, aceros altamente templados sin revenir, cerámicos en general). En la superficie de fractura puede haber presente un modelo tipo "CHEVRON" (espinas de pescado, jinetas o galones de sargento), apuntando hacia el origen de la grieta, como se muestra en la figura 2.9.

Figura 2.8. Aspecto de una probeta de tracción de un material frágil

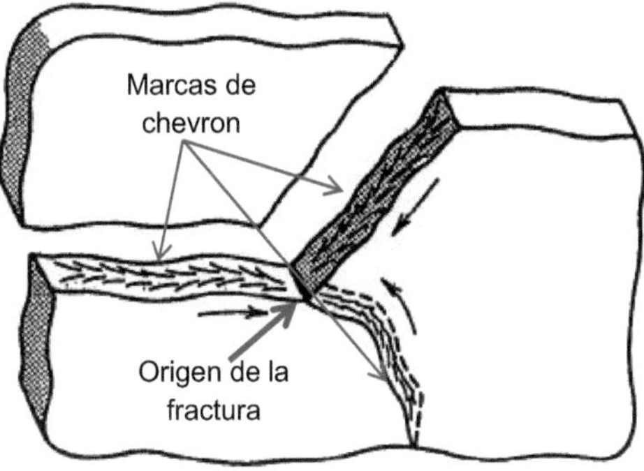

Fig. 2.9. Marcas de chevron indicando el origen de la fractura frágil

Bajo ciertas condiciones los materiales dúctiles pueden comportarse en forma frágil. Hay tres causas que conducen a este tipo de comportamiento: las altas velocidades de deformación (cargas de impacto, como en el ensayo de Charpy), la aparición de esfuerzos triaxiales, como en la última etapa del ensayo de tracción, después que se inicia la estricción y las bajas temperaturas es la tercera de las causas de este comportamiento. En la figura 2.10 se muestra el comportamiento frente a la temperatura de un acero ASTM A 533, tipo B. La temperatura de transición dúctil – frágil se produce aproximadamente a 0°C.

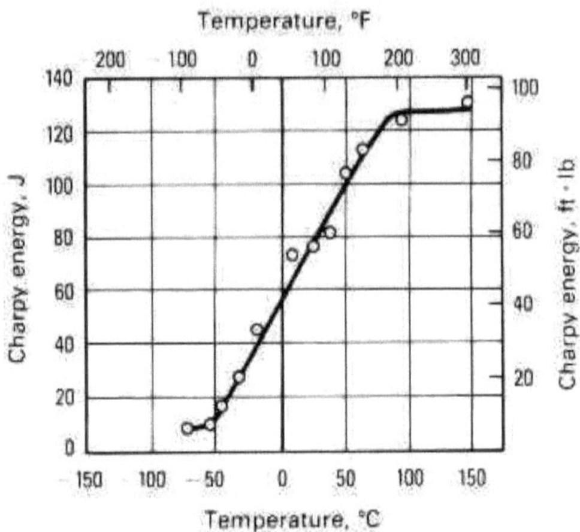

Figura 2.10. Ensayo de Charpy de un acero ASTM A 533, tipo B

El examen microscópico de la fractura frágil muestra facetas intergranulares o transgranulares. Las facetas intergranulares están en las superficies de granos que han estado expuestos a la propagación de la grieta a lo largo del borde de grano. Las facetas transgranulares observadas en las fracturas frágiles son producidas por clivaje a lo largo de numerosos planos cristalográficos, paralelos, creando así una superficie de fractura con forma de terrazas. Los niveles individuales de estas superficies con forma de terrazas están separados por escalones de clivaje que se forman por fractura de los delgados ligamentos que unen los segmentos de las grietas de clivaje. Según se propaga la grieta transgranular, los segmentos de la grieta se unen cada vez en menos planos; como resultado, los escalones de clivaje convergen en la dirección de propagación local de la grieta, formando un modelo similar a un río con sus afluentes ("RIVER MARKS").

a. Fractura frágil transgranular

El clivaje transgranular del hierro y de los aceros de bajo carbono es el proceso más común de fractura frágil transgranular. También puede ocurrir clivaje transgranular en otros metales BCC como tungsteno, molibdeno y cromo, y en algunos HC, como zinc, magnesio y berilio. Los metales FCC y sus aleaciones (Cu, Al, Ag, Pb, etc.), se considera que son inmunes a este mecanismo de fractura. En la figura 2.11 se muestra la superficie de fractura frágil de una barra de fundición gris sometida a tracción.

Fig. 2.11. Fractura frágil de una fundición gris

Algunos cambios metalúrgicos, como el endurecimiento por deformación, pueden originar la fractura frágil de componentes tales como ganchos de grúa y eslabones de cadenas, después de largos períodos de operación satisfactoria.

b. Fractura frágil intergranular

La fractura frágil intergranular puede identificarse fácilmente, pero puede ser más difícil determinar la causa primaria de la fractura. El examen fractográfico de una fractura frágil intergranular, permite identificar fácilmente la presencia, en los límites de grano, de grandes fracciones de partículas de segunda fase. Desafortunadamente, la segregación de capas de pocos átomos de espesor, de algún elemento o compuesto que produce fractura intergranular, con bastante frecuencia no es detectada por la fractografía.

Algunas de las causas que originan fractura frágil intergranular son las siguientes:

- ♦ Ausencia de suficientes sistemas de deformación para satisfacer el criterio de Taylor – Von Mises, el cual establece que se requieren cinco sistemas independientes (deslizamiento, o deslizamiento más maclaje) para deformar un grano. La fractura de cerámicos policristalinos a bajas temperaturas es un buen ejemplo de este mecanismo de fractura, pero no es usual en metales y aleaciones con estructura FCC.

- ♦ La presencia en los límites de grano de grandes áreas de partículas de segunda fase, como carburos en aleaciones Fe – Ni – Cr.

♦ La segregación en los límites de grano de un elemento o compuesto específico; desde una capa de unos pocos átomos de espesor es suficiente para causar fragilización. La fragilización causada por la presencia de oxígeno en hierro de alta pureza, oxígeno en níquel, antimonio en cobre y la fragilización por revenido de ciertos aceros, son ejemplos de fragilización intergranular donde es difícil la detección de segundas fases en los límites de grano.

Las condiciones bajo las que una grieta que crece lentamente puede seguir un camino intergranular, antes de que ocurra la sobrecarga para la fractura final, incluyen la fractura por fatiga, agrietamiento por tensocorrosión, fragilización por metales líquidos, fragilización por hidrógeno y fallas de rotura por tensiones a temperaturas elevadas.

2.3.3.3 Fractura por fatiga

Como ya se indicó anteriormente, según ASTM E 1823 [9], "fatiga es el proceso de cambio estructural permanente localizado y progresivo que ocurre en un material sometido a condiciones que producen tensiones y deformaciones fluctuantes en algún punto o puntos y que puede culminar en grietas o una fractura completa después de un número suficiente de fluctuaciones".

En términos más simples, la falla por fatiga es un término general dado a la separación imprevista y catastrófica, en dos o más partes, de un componente de máquina o de una estructura, como resultado de la aplicación de cargas o deformaciones alternadas o fluctuantes durante un período de tiempo. La falla tiene lugar mediante la iniciación y propagación de una grieta hasta que se hace inestable y se propaga súbitamente hasta fallar. Las cargas y deformaciones que habitualmente causan la falla por fatiga están bastante por debajo de los niveles de falla estática (tensión de fluencia).

Cuando las cargas o deformaciones son de tal magnitud que se requieren más de 10.000 ciclos para producir la falla, generalmente el fenómeno se denomina fatiga de altos ciclos. Cuando las cargas o deformaciones son de tal magnitud que se requieren menos de 10.000 ciclos para producir la falla, habitualmente el fenómeno se llama fatiga de bajos ciclos.

Cuando el ciclado de cargas o deformaciones se produce debido a un campo de temperaturas fluctuantes en un componente de máquina, el proceso generalmente se denomina fatiga térmica.

La falla por fatiga de superficie o fatiga de contacto, normalmente se asocia con superficies cilíndricas en contacto, la cual se manifiesta como picaduras, agrietamiento y astilladura de las superficies en contacto como resultado de las tensiones cíclicas de contacto de Hertz que se producen para los valores máximos de las tensiones de corte cíclicas, ligeramente por debajo de la superficie. Las tensiones de corte cíclicas en la subsuperficie generan grietas que se propagan hasta la superficie de contacto, desalojando partículas en el proceso que producen picaduras en la superficie. Con bastante frecuencia este fenómeno es visto como un tipo de desgaste.

La fatiga por impacto, la corrosión - fatiga y la fatiga por roce, se describirán posteriormente.

Considerando que se ha determinado en laboratorio el comportamiento a la fatiga de muchos metales y aleaciones, resulta sorprendente que aún ocurran en servicio muchas fallas mediante este mecanismo. La dificultad se encuentra en el hecho de que hay una gran cantidad de variables que influyen en el comportamiento a la fatiga. Estas variables son:

1). Magnitud y frecuencia de aplicación de las tensiones fluctuantes.
2). Presencia de una tensión media.
3). Temperatura.
4). Medio ambiente.
5). Forma y tamaño de la probeta o pieza real.
6). Estado de tensiones (uniaxial, biaxial o triaxial).
7). Presencia de tensiones residuales.
8). Acabado superficial.
9). Presencia de concentradores de tensiones (agujeros, chaveteros, cambios de sección, ranuras, hilos, etc.).
10). Microestructura.
11). Daño por "FRETTING" (desgaste de componentes pareados con deslizamiento relativo).
12) Presencia de uniones soldadas

Además de que esta lista no es completa, un problema adicional es que una variable puede ser más importante respecto de un material que otra. Por ejemplo, los metales nobles son insensibles a los ambientes corrosivos; las aleaciones de titanio son especialmente susceptibles al "fretting"; los materiales de alta resistencia y baja tenacidad, tales como los aceros de alta resistencia son más susceptibles a los efectos del acabado superficial que aquellos de baja resistencia, más tenaces.

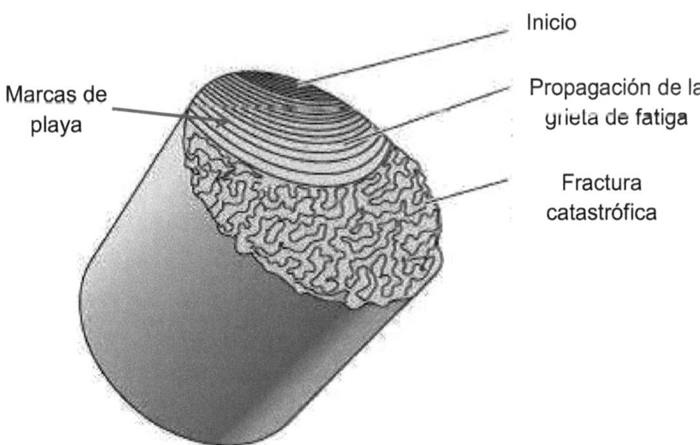

Fig. 2.12. Superficie de fractura por fatiga mostrando marcas de playa y zona de ruptura frágil catastrófica al final del proceso.

Una superficie de fractura con muchas marcas de playa indica bajos esfuerzos y altos ciclos; por el contrario una fractura con pocas marcas de playa es representativa de alto esfuerzo y bajos ciclos. El cambio de curvatura de las marcas de playa indica la presencia o no de concentradores de esfuerzos, como se muestra en la figura 2.13 [3].

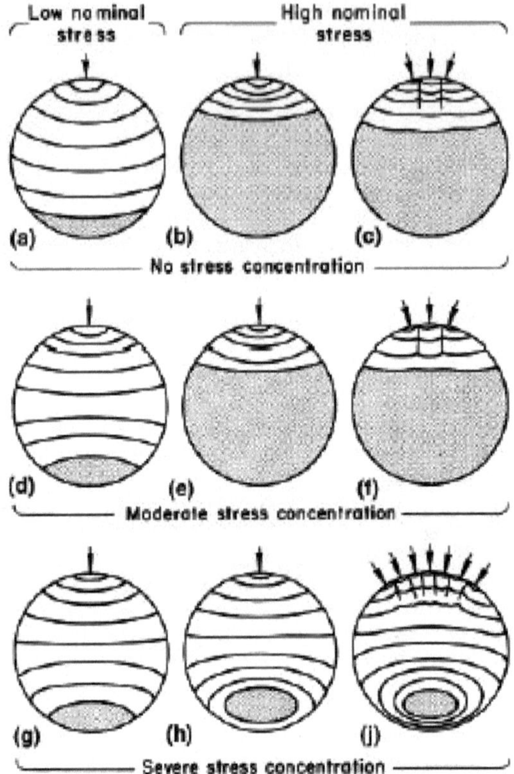

Fig. 2.13. Marcas de playa mostrando el efecto de la magnitud de los esfuerzos y de los concentradores de esfuerzos.

Desde las perspectivas de diseño, pruebas y análisis de fallas, el proceso de fatiga se puede dividir convenientemente en tres partes, las cuales están adecuadamente representadas en la figura 2.12:

- Inicio de la grieta
- Propagación progresiva y estable de la grieta
- Fractura final (rápida)

El inicio de la fatiga en estructuras y componentes comunes hechos de aleaciones comerciales es controlado fundamentalmente por la solidez del material y por heterogeneidades geométricas. Los sitios que fomentan la iniciación de grietas de fatiga incluyen inclusiones, partículas de segunda fase, huecos, cambios de sección, marcas de mecanizado y otros defectos superficiales y muescas u otras variaciones geométricas. Desde un punto de vista más práctico, suele decirse que hay tres factores que tienen que concurrir todos para que se produzca una fractura por fatiga:

- Debe existir una componente de esfuerzo de tracción durante el ciclo
- Los esfuerzos deben se variables
- Debe ocurrir un número suficiente de ciclos para que se produzca falla por fatiga

a. Conceptos relacionados con la fatiga

La mayoría de los ensayos de fatiga que se realizan en laboratorio, se hacen con carga axial uniforme (carga monotónica) o en flexión uniforme, produciendo solamente tensiones de tracción y de compresión. Por lo general, la tensión recorre ciclos entre una tensión de tracción máxima y una mínima, o entre una tensión máxima de tracción y una mínima de compresión. Se considera que esta última es una tensión de tracción negativa, por lo que algebraicamente se le asigna un signo menos y es, por lo tanto, la tensión mínima.

❖ RAZON DE TENSIONES

Se denomina razón o relación de tensiones, a la razón algebraica entre dos valores de tensión especificados. Las dos razones de tensión usadas con mayor frecuencia son:

$$A = \frac{S_a}{S_m}; \qquad R = \frac{S_{min}}{S_{max}} \qquad 2.1$$

Donde, S_a es la amplitud de la tensión
S_m es la tensión media
$S_{máx}$ es la tensión máxima
$S_{mín}$ es la tensión mínima.

Si las tensiones se invierten completamente R = - 1; si las tensiones se invierten parcialmente, R es un número negativo < 1. Si el ciclo de tensiones varía desde cero hasta una tensión máxima, R = 0. Si las tensiones están cicladas entre dos tensiones de tracción, R es un número positivo < 1. Una razón R = 1 indica que no hay variación de las tensiones y el ensayo podría ser una prueba de creep con carga constante en lugar de un ensayo de fatiga.

❖ TENSIONES APLICADAS

Es muy frecuente ocupar tres descripciones para las tensiones aplicadas.

Tensión media S_m: Es el promedio algebraico de las tensiones máxima y mínima en un ciclo:

$$S_m = \frac{S_{max} + S_{min}}{2} \qquad (2.2)$$

En la prueba en que las tensiones se invierten completamente $S_m = 0$.

Rango de tensiones S_r: Es la diferencia algebraica entre las tensiones máxima y mínima en un ciclo:

$$S_r = S_{máx} - S_{mín} \quad (2.3)$$

Amplitud de la tensión S_a: Es la mitad del rango de tensiones:

$$S_a = \frac{S_r}{2} = \frac{S_{max} - S_{min}}{2} \quad (2.4)$$

Durante un ensayo de fatiga, generalmente se mantiene constante el ciclo de tensiones, de modo que las condiciones de tensión aplicada pueden escribirse como $S_m \pm S_a$, donde la tensión media puede considerarse como una tensión estática. El signo positivo se emplea para identificar las tensiones de tracción y el signo negativo para las de compresión. En la figura 2.14 se ilustran algunas de las posibles combinaciones de S_m y S_a. Cuando la tensión media es cero y R = - 1 (figura 2.14a), la máxima tensión de tracción es igual a la máxima tensión de compresión; este caso se denomina tensión alternante o completamente invertida. Cuando $S_m = S_a$ y R = 0 (figura 2.14b), la tensión mínima del ciclo es cero; este caso se denomina tensión de tracción (o de compresión) pulsante o repetida.

Cualquier otra combinación de tensiones se conoce como tensión fluctuante, la cual puede ser una tensión fluctuante de tracción como la que se muestra en la figura 4.c, con $0 < R \leq 1$, o una tensión fluctuante de compresión, o puede fluctuar entre una tensión de tracción y una de compresión, como se muestra en la figura 4.d, con $-1 \leq R < 0$.

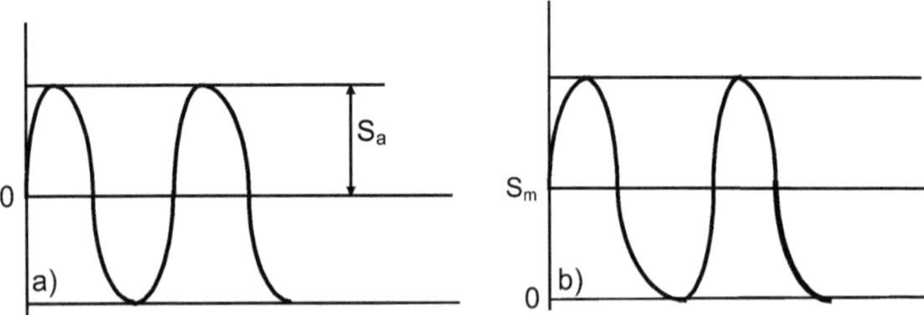

Figura 2.14. a) Tensión alternante o completamente invertida. b) Tracción pulsante.

❖ CURVAS S - N.

Los resultados de los ensayos de fatiga se representan normalmente como las tensiones máximas o la amplitud de las tensiones versus el número de ciclos para la fractura, N, usando una escala logarítmica para el número de ciclos. Las tensiones pueden representarse en escala lineal o logarítmica. La curva obtenida con los datos del ensayo se llama curva S – N; también se la conoce como curva de Wöhler. En la figura 2.15 se muestran tres curvas S - N típicas. Las dos curvas superiores correspondientes a acero SAE 2340, son típicas de los aceros, distinguiéndose una parte recta inclinada para bajos ciclos, la cual se transforma en una línea horizontal para altos ciclos, con una clara transición entre las dos; la intersección de estas dos líneas representa el límite de fatiga, conocido también como límite de duración; en algunos países se le conoce como límite de endurancia (endurance limit).

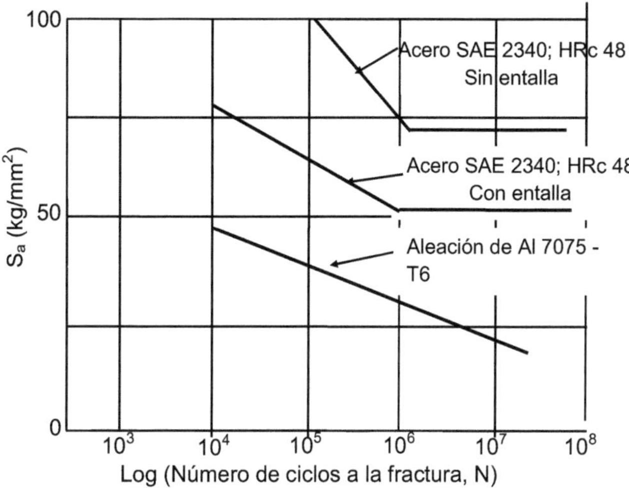

Figura 2.15. Curva S – N (de Wöhler)

Una curva S - N generalmente representa la vida media para una tensión dada, es decir, el número de ciclos para los cuales sobrevive la mitad de las probetas y la otra mitad falla; en realidad, representa la probabilidad de falla o de sobrevivencia de un 50 % de las probetas. Por esta razón, en los diseños en los que se requiere una confiabilidad mayor, se debe introducir un factor de corrección de tipo estadístico. La dispersión de la vida a la fatiga puede cubrir un rango bastante amplio.

❖ LIMITE DE FATIGA Y RESISTENCIA A LA FATIGA

La parte horizontal de una curva S - N representa la tensión máxima que el metal puede resistir durante un número infinitamente grande de ciclos con una probabilidad de falla de 50%, y se llama límite de fatiga o límite de duración S_f. La mayoría de los metales no ferrosos no presentan un límite de fatiga. En vez de ello, sus curvas S - N continúan cayendo a altos números de ciclos, como se muestra en la curva para la aleación de aluminio 7075 - T6 en la figura 2.15. Para estos metales, en lugar de informar el límite de fatiga, es necesario conocer la resistencia a la fatiga, la cual es la tensión a la que puede someterse el metal durante un número de ciclos especificado. No hay un número de ciclos estándar, por lo que es necesario que cada tabla de resistencias a la fatiga indique el número de ciclos para los cuales se está informando la resistencia. Algunas veces, la resistencia a la fatiga de metales no ferrosos para 10^8 ó para 5x108 ciclos, es llamada erróneamente, el límite de fatiga.

❖ FACTOR DE CONCENTRACION DE TENSIONES

En los metales, las tensiones se concentran debido a discontinuidades estructurales tales como entalladuras, agujeros o rayaduras, las cuales actúan como aumentadores de la tensión. El factor de concentración de tensiones K_t es la razón entre la mayor de las tensiones en la región de la entalla (u otro concentrador de tensiones), y la tensión nominal correspondiente. Para la determinación de K_t, la mayor tensión en la región de la entalla se calcula mediante la teoría de la elasticidad o se derivan experimentalmente valores equivalentes. Un factor experimental de concentración de tensiones es la relación de las tensiones en una probeta con entalla y una sin entalladura. Las determinaciones experimentales del factor de concentración de tensiones muestran que los valores de éste pueden variar entre 1 y 3, siendo los valores más frecuentes entre 1,5 y 2. La mayoría de los textos de Diseño de Máquinas traen gráficos com las magnitudes de estos concentradores de esfuerzos para diversas configuraciones geométricas.

2.3.4. Falla por corrosión [10]

La falla por corrosión, un término muy amplio, implica que un componente de máquina se vuelve incapaz de cumplir su función proyectada debido al deterioro no deseado del material como resultado de la interacción química o electroquímica con el ambiente. La corrosión frecuentemente interactúa con otros modos de falla tales como desgaste o fatiga. La velocidad, extensión y tipo de ataque corrosivo que pueden aceptarse varían ampliamente, dependiendo de la aplicación específica.

a. FACTORES QUE INFLUENCIAN LAS FALLAS POR CORROSION

El analista de fallas debe considerar diversos factores y la posibilidad de interacción entre ellos con el objeto de determinar si la corrosión fue la causa de la falla o si contribuyó de alguna forma a ella, y proyectar medidas correctivas que sean apropiadas y efectivas.

El tipo de corrosión, su extensión y la velocidad a la que progresa, son influenciadas por la naturaleza, composición y uniformidad (o no uniformidad) del medio ambiente y de la superficie del metal en contacto con dicho ambiente. Estos factores, generalmente no permanecen constantes según progresa la corrosión, sino que son afectados por los cambios que se imponen externamente y por los cambios que ocurren como una consecuencia directa del mismo proceso de corrosión.

Otros factores que tienen gran influencia en los procesos de corrosión, incluyen la temperatura y gradientes de temperatura en la interfaz metal – medio ambiente, presencia de hendiduras en el componente metálico o ensamblaje, movimiento relativo entre el medio y la parte metálica, y la presencia de metales diferentes en un medio eléctricamente conductor.

El procesamiento y las operaciones de fabricación tales como esmerilado de superficies, tratamientos térmicos, soldadura, conformado en frío o en caliente, punzonado y corte, producen cambios locales o generalizados sobre el componente metálico que, variando de grados, afectan su susceptibilidad a la corrosión.

Cada aplicación específica determina la cantidad de metal que puede perderse antes de considerar que una pieza ha fallado por corrosión. En algunas aplicaciones, especialmente cuando se produce ataque uniforme y generalizado, pueden aceptarse reducciones sustanciales en el espesor del componente. En otras aplicaciones, donde es importante la apariencia, o donde es inaceptable la decoloración o contaminación de alimentos u otros productos en proceso o almacenamiento, la disolución de pequeñas cantidades de metal constituye una falla.

El ataque localizado, como el picado (pitting) por ejemplo, que puede perforar las paredes de recipientes, tuberías u otros equipos relacionados, suele causar fugas que constituyen fallas. Aún cuando el ataque localizado sea relativamente poco profundo, puede dar origen a concentradores de tensiones o generar hidrógeno sobre la superficie del metal, y generar una falla por mecanismos distintos de la corrosión.

b. TIPOS DE CORROSION

Las diferentes formas de corrosión incluyen las siguientes:

2.3.4.1 CORROSION UNIFORME: El ataque químico directo, quizá el tipo más común de corrosión, involucra el ataque corrosivo de la superficie del componente de máquina expuesto al medio corrosivo, más o menos uniformemente sobre toda la superficie expuesta, como se muestra en la figura 2.16. Generalmente ocurre en la atmósfera, en líquidos y en suelos, frecuentemente bajo condiciones normales de servicio. La velocidad de ataque puede ser rápida o lenta, y la superficie del metal puede presentarse limpia o cubierta con productos de corrosión.

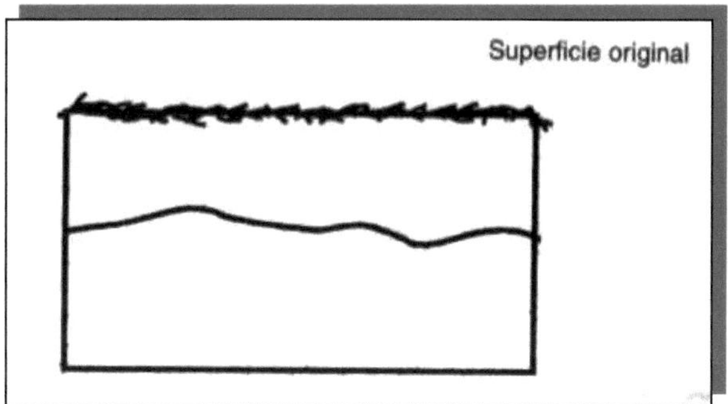

Figura 2.16. Corrosión Uniforme

La selección de un metal que tenga una adecuada resistencia al medio ambiente en el cual se usa el componente específico y la aplicación de pinturas u otro tipo de recubrimientos, son los dos métodos más comunes para controlar la corrosión uniforme.

Todos los metales son afectados por esta forma de ataque en algunos ambientes; la formación de moho en el acero y la pérdida de brillo de la plata, son ejemplos típicos de corrosión uniforme.

2.3.4.2 CORROSION GALVANICA: La corrosión galvánica es una corrosión electroquímica acelerada que se produce cuando dos metales diferentes, en contacto eléctrico, forman parte de un circuito que se completa con un estanque o película de electrolito o medio corrosivo, conduciendo un flujo de corriente y produciendo corrosión. En este caso el metal menos noble (ánodo), es atacado con mayor intensidad que si estuviera expuesto solo, y el metal más noble (cátodo), es atacado con menos severidad que si estuviera expuesto solo. Este comportamiento puede reconocerse fácilmente por el hecho de que la corrosión es más intensa cerca de la unión de los dos metales que en otra parte, como se muestra en la figura 2.17. Este tipo de corrosión se utiliza, en la práctica, para la protección de metales, usando los conocidos ánodos de sacrificio, (Aluminio, magnesio, zinc), para proteger a otros metales.

Mientras mayor sea la diferencia de potencial entre los dos metales, más rápido será el ataque galvánico. La mayoría de los textos de estudio incluyen una serie de fuerzas electromotrices de los metales de acuerdo con su reactividad química, pero éstas son aplicables en laboratorio, donde la reactividad puede ser determinada y controlada. En la práctica, el potencial de los materiales en solución se ve afectado por la presencia de películas pasivas o protectoras, efectos de polarización, grado de aireación y temperatura. Como vía de referencia, en la tabla 2.1 se incluyen algunos valores de potencial químico, medido con respecto al potencial del hidrógeno, considerado arbitrariamente como potencial cero.

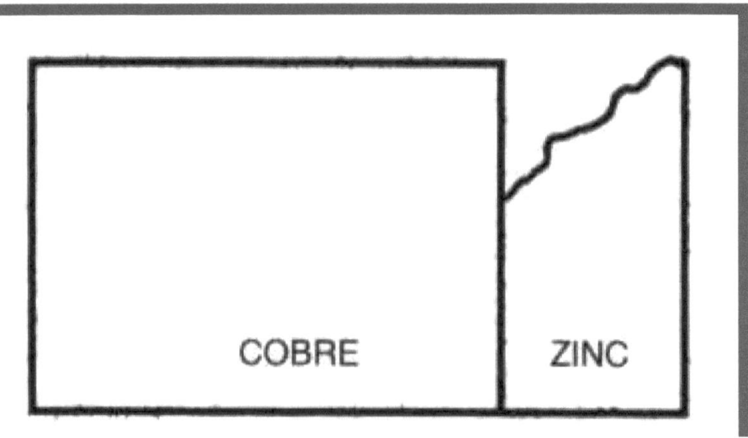

Fig. 2.17. Corrosión galvânica

TABLA 2.1. POTENCIALES DE ELECTRODO

REACCION	DE OXIDACION (CORROSION)	VOLTS
ANODO :	$Na \rightarrow Na^{+} + e^{-}$	- 2,714
	$Mg \rightarrow Mg^{2+} + 2e^{-}$	- 2,363
	$Al \rightarrow Al^{3+} + 3e^{-}$	- 1,662
	$Zn \rightarrow Zn^{2+} + 2e^{-}$	- 0,763
	$Cr \rightarrow Cr^{3+} + 3e^{-}$	- 0,744
	$Fe \rightarrow Fe^{2+} + 2e^{-}$	- 0,440
	$Cd \rightarrow Cd^{2+} + 2e^{-}$	- 0,403
	$Co \rightarrow Co^{2+} + 2e^{-}$	- 0,277
	$Ni \rightarrow Ni^{2+} + 2e^{-}$	- 0,250
	$Sn \rightarrow Sn^{2+} + 2e^{-}$	- 0,136
	$Pb \rightarrow Pb^{2+} + 2e^{-}$	- 0,126
	$H_2 \rightarrow 2H^{+} + e^{-}$	0,000
	$Sn^{2+} \rightarrow Sn^{4+} + 2e^{-}$	0,150
	$Cu \rightarrow Cu^{2+} +2e^{-}$	0,337
	$Fe^{2+} \rightarrow Fe^{3+} + e^{-}$	0,771
	$2Hg \rightarrow Hg_2{}^{2+} + 2e^{-}$	0,788
	$Ag \rightarrow Ag^{+} + e^{-}$	0,799
	$Pt \rightarrow Pt^{2+} + 2e^{-}$	1,200
CATODO :	$Au \rightarrow Au^{3+} + 3e^{-}$	1,498

2.3.4.3 CORROSION EN HENDIDURAS (o em rendijas): La corrosión en rendijas o hendiduras ("crevice corrosion"), es un proceso acelerado de corrosión, altamente localizada en rendijas, grietas o uniones, regiones donde son atrapados pequeños volúmenes de solución estancada que están en contacto con el metal que se corroe. Este es un tipo específico de corrosión por celdas de concentración. En la figura 2.18 se muestra esta forma de corrosión. Una serie galvánica en agua de mar, obtenida del Metals Handbook se muestra en la Tabla 2.2. En las filas, el potencial catódico crece hacia la derecha, es decir, la aleación de aluminio 5062 es más anódica que la aleación 6053, por ejemplo.

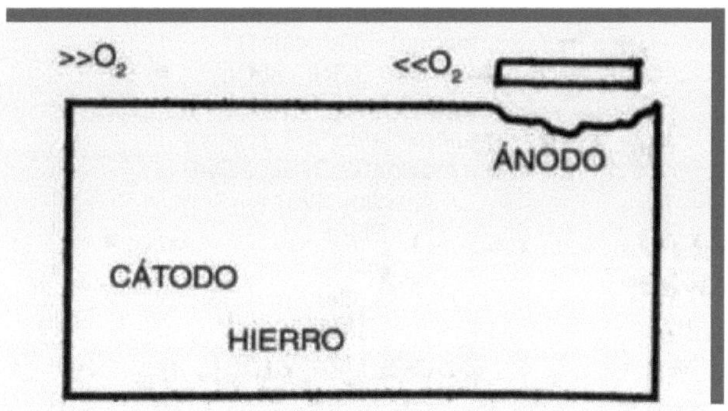

Fig. 2.18. Corrosión en hendiduras

TABLA 2.2. SERIE GALVANICA EN AGUA DE MAR

ANODO :

Magnesio
Aleaciones de Magnesio
Zinc
Berilio
Acero Galvanizado
Aleaciones de Aluminio: 5062, 3004, 3003, 1100, 6053
Cadmio
Aleaciones de Aluminio: 2117, 2017, 2024 (en este orden)
Aceros de bajo carbono (C < 0,25%)
Hierro Forjado
Hierro Fundido (Fundiciones)
Fundición ferrosa de alto níquel
Acero inoxidable 410 (activo)
Soldadura plomo - estaño (50 - 50)
Acero inoxidable 304 (activo)
Acero inoxidable 316 (activo)
Plomo
Estaño
Aleación de cobre 280 (Metal Muntz: 60Cu - 40Zn)
Aleación de cobre 675 (Bronce al Mn)
Aleaciones de cobre 464, 465, 466 467 (Latón Naval)
Níquel 200 (activo)
Inconel 600 (activo)
Hastelloy B
Aleación de cobre 270 (Latón amarillo: 65Cu - 35Zn)
Aleaciones de cobre 443, 444, 445 (Latón Almirantazgo)
Aleaciones de cobre 230 (Latón rojo: 85Cu - 15Zn)
Cobre 110 (Cobre electrolítico ETP)
Aleaciones de cobre 651, 655 (Bronce al silicio)
Aleación de cobre 715 (Cuproníquel)
Aleación de cobre 922, fundida (Bronce al Pb, Sn)
Níquel 200 (pasivo)
Soldaduras de plata
Inconel 600 (pasivo)
Monel 400 (65Ni - 35Cu)
Acero inoxidable 410 (pasivo)
Acero inoxidable 304 (pasivo)
Acero inoxidable 316 (pasivo)
Incolloy 825
Plata
Titanio
Grafito
Oro

CATODO :

Platino

2.3.4.4 CORROSION – CAVITACION: La cavitación se produce frecuentemente en sistemas hidráulicos tales como turbinas, bombas y tuberías, cuando los cambios de presión en un líquido dan origen a la formación y colapso de burbujas de vapor, en la superficie del metal que lo contiene, o cerca de ella. El impacto asociado con el colapso de las burbujas de vapor puede producir ondas de choque de alta presión, que pueden deformar plásticamente el metal, o destruir localmente cualquier película protectora superficial de los productos de corrosión, y acelerar los procesos de corrosión. Posteriormente, las pequeñas depresiones que se forman actúan como núcleos para burbujas subsiguientes, las que continúan hasta formar picaduras profundas por la acción combinada de deformaciones mecánicas y corrosión química acelerada. Este fenómeno es el que se conoce como corrosión – cavitación.

La corrosión – cavitación puede reducirse o prevenirse a través de la eliminación de la cavitación mediante apropiados cambios de diseño; suavizando las superficies del metal, protegiendo las paredes, utilizando materiales resistentes a la corrosión, minimizando las diferencias de presión en los ciclos y usando protección catódica, cuando los cambios de diseño no resulten efectivos. En la figura 2.19 se muestra un esquema del daño por cavitación.

Fig. 2.19. Daño por cavitación

2.3.4.5 CORROSION – EROSION: La corrosión - erosión es el ataque químico acelerado que se produce cuando un flujo de material abrasivo pasa por una superficie que contiene material desprotegido frente al medio corrosivo, el cual va quedando desnudo en forma continua. Debido a la acción de desgaste abrasivo del fluido en movimiento, la formación de una capa protectora de productos de corrosión es inhibida o prevenida, y, por consiguiente, el medio corrosivo tiene acceso directo a la superficie del metal desprotegido. La corrosión – erosión, usualmente se caracteriza por mostrar estrías, o crestas y valles, generados por el medio corrosivo, como se muestra en la figura 2.20. La mayoría de las aleaciones son susceptibles a la corrosión – erosión, y varios tipos diferentes de medios corrosivos pueden inducir corrosión – erosión, incluyendo gases, líquidos y agregados sólidos. La corrosión – erosión puede llegar a ser un problema en máquinas y partes de máquinas tales como válvulas, bombas, ventiladores, álabes y toberas de turbinas, y tuberías, especialmente en regiones curvas y codos.

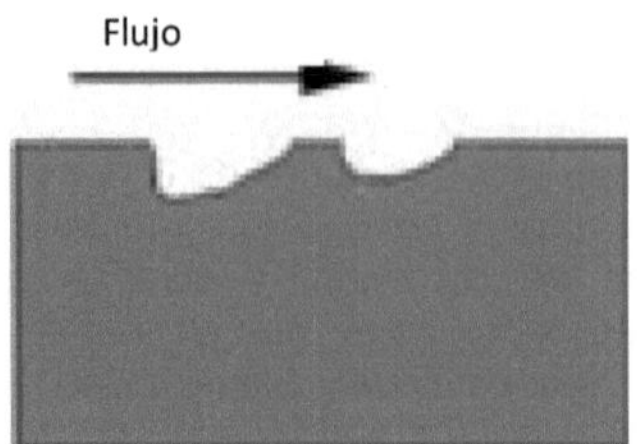

Fig. 2.20. Erosión

La corrosión – erosión es influenciada por la velocidad de flujo del medio corrosivo, turbulencia del flujo, características de la erosión, concentración de sólidos abrasivos y características de la superficie del metal expuesto al flujo. Los métodos para minimizar o prevenir la corrosión – erosión incluyen la reducción de la velocidad, eliminar o reducir la turbulencia, evitar los cambios abruptos en la dirección del flujo, eliminar impacto directo donde es posible, filtrar y sacar del sistema las partículas abrasivas, usar aleaciones resistentes a la corrosión, utilizar recubrimientos adecuados y emplear técnicas de protección catódica.

2.3.4.6 DAÑO POR HIDROGENO: El daño por hidrógeno, aún cuando no se considera una forma directa de corrosión, es inducido por corrosión. Cualquier daño causado en un metal por la presencia de hidrógeno o la interacción con hidrógeno, se denomina daño por hidrógeno. El daño por hidrógeno incluye el ampollamiento por hidrógeno ("blistering"), la fragilización por hidrógeno, el ataque por hidrógeno y la descarburización.

El ampollamiento por hidrógeno es causado por la difusión de átomos de hidrógeno hacia el interior de huecos, dentro de la estructura metálica, donde se combinan para formar hidrógeno molecular. La presión del hidrógeno puede alcanzar niveles tales que, en algunos casos, causa ampollamiento, fluencia y ruptura. El ampollamiento por hidrógeno puede minimizarse usando materiales sin huecos, mediante el uso de inhibidores o utilizando recubrimientos.

La fragilización por hidrógeno también es causada por la penetración de hidrógeno en la estructura metálica para formar hidruros frágiles que, además obstaculizan el movimiento de las dislocaciones y reducen el deslizamiento. La fragilización por hidrógeno es más severa para altos niveles de resistencia de las aleaciones que son susceptibles al fenómeno, lo cual incluye a la mayoría de los aceros de alta resistencia.

El hidrógeno causa varios problemas en muchos metales y está fácilmente disponible durante la producción, procesamiento y servicio de metales en operaciones tales como:

- Refinación (precipita por solidificación a partir de concentraciones sobresaturadas)
- Limpieza ácida (decapado)
- Galvanoplastia (recubrimientos electrolíticos)
- Contacto con agua u otros líquidos o gases que contienen hidrógeno

La Tabla 2.3 muestra algunos tipos de daño producidos por hidrógeo.

Tabla 2.3. Tipos específicos de daño por hidrógeno

Proceso específico de daño/mecanismo	Más común en:	Comentarios
Fragilización por hidrógeno	Aceros de alta resistencia y aceros de bajo carbono endurecidos fuertemente en frío, a temperatura ambiente.	Necesita esfuerzo sostenido. No es relevante para agrietamiento inducido por impacto.
Ampollamiento inducido por hidrógeno	Aceros de baja resistencia a temperatura ambiente.	El hidrógeno gaseoso llena las ampollas.
Agrietamiento causado por la precipitación de hidrógeno gaseoso interno	Perfiles pesados de acero	Inducido por la exposición a altas temperaturas seguido de enfriamiento rápido.
Ataque por hidrógeno	Aceros sometidos a combinación de altas temperaturas y alta presión de hidrógeno. También ataca al cobre.	Las reacciones químicas irreversibles del hidrógeno con elementos de la matriz o de aleación forman bolsas de alta presión de gases distintos del hidrógeno molecular.
Agrietamiento debido a la formación de hidruros	Metales de transición, tierras raras, metales alcalinotérreos y sus aleaciones (incluye titanio, tantalio, zirconio, uranio y torio).	Los hidruros frágiles a menudo se forman preferentemente donde el esfuerzo es más alto.

Se debe tener especial cuidado con el recubrimiento de los pernos. Se han observado varias fallas de pernos recubiertos con cadmio, que no fueron sometidos a un tratamiento de eliminación del hidrógeno, que consiste en un calentamiento a unos 200°C durante algunas horas.

En la fotografía de la figura 2.21 se observa una tuerca de acero AISI 8740, recubierta con cadmio que falló por fragilización por hidrógeno, después de siete días de haber sido instalada en la estructura del ala de un avión [3].

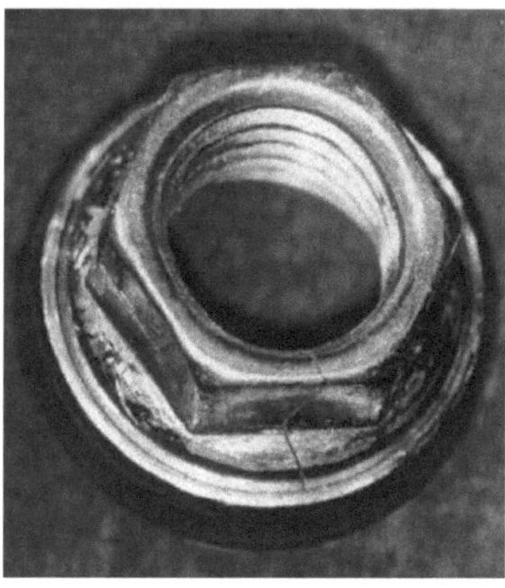

Fig. 2.21. Tuerca de acero recubierta con cadmio que falló por fragilización inducida por hidrógeno durante el proceso electrolítico [3].

En los procesos de soldadura, es especialmente importante el tratamiento que se da al hidrógeno, porque la zona soldada y la zona afectada térmicamente son particularmente sensibles al agrietamiento originado por la fragilización del hidrógeno. Se deben preferir los electrodos de bajo hidrógeno y/o los procesos MIG o TIG, en los cuales la protección gaseosa suele ser mucho más eficaz que la protección que brinda el proceso SMAW.

2.3.4.7 CORROSION POR PICADO: La corrosión por picadura ("pitting") es un ataque muy localizado que conduce al desarrollo de una serie de agujeros, con bordes muy afilados, que penetran el metal, como se muestra en la figura 2.22. El ataque en el interior de las paredes de un agujero, generalmente es bastante uniforme, pero puede hacerse irregular donde ciertas condiciones específicas introducen un ataque intergranular secundario. Todos los metales y aleaciones de ingeniería son susceptibles al picado.

El picado se produce cuando un área de la superficie de un metal se transforma en anódica con respecto al resto de la superficie, o cuando ocurren cambios altamente localizados en el agente corrosivo en contacto con el metal, tal como en las hendiduras, dando origen a un ataque localizado y muy acelerado.

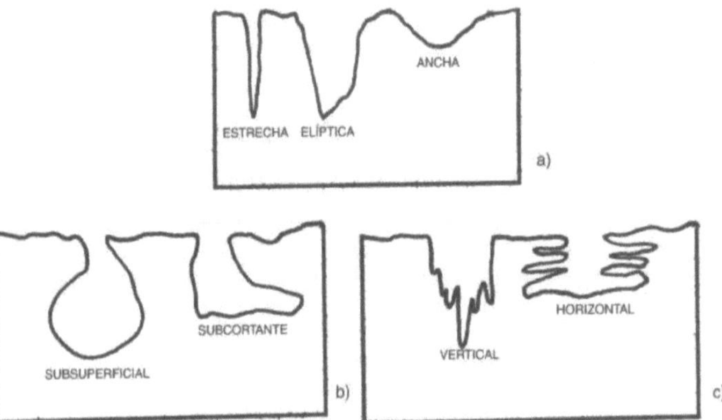

Figura 2.22: Corrosión por picadura

En general, cuando se produce picado sobre una superficie metálica limpia, de libre acceso, un leve incremento de la corrosividad del ambiente causará corrosión generalizada y uniforme. El picado sobre superficies limpias ordinariamente representa el inicio de la ruptura de la pasividad o la ruptura local del sistema de protección.

Cuando las picaduras son pocas y se encuentran muy espaciadas, y la superficie del metal sufre una corrosión generalizada muy escasa, o ninguna, hay una alta razón entre área de cátodo/área de ánodo, y la penetración progresa más rápidamente que cuando las picaduras son numerosas y se encuentran más juntas.

2.3.4.8 CORROSION INTERGRANULAR: La corrosión intergranular es el ataque localizado que se produce en los límites de grano de ciertas aleaciones de cobre, cromo, níquel, aluminio, magnesio y zinc, cuando han sido soldadas o sometidas a algún tratamiento térmico inadecuado, o bien operan a temperaturas en las que las aleaciones se vuelven susceptibles a la corrosión intergranular, como se muestra en la figura 2.23. La formación de celdas galvánicas localizadas que precipitan los productos de corrosión en los límites de grano, degrada seriamente la resistencia del material debido al proceso corrosivo intergranular.

El ataque preferencial se acentúa debido a la segregación de elementos específicos o componentes, o enriquecimiento de uno de los elementos de aleación en los bordes de grano, o por la eliminación o disminución de un elemento necesario para la resistencia a la corrosión en los límites de grano. Los casos siguientes son los más típicos de corrosión intergranular:

- Aceros inoxidables austeníticos, cuando se calientan en el rango de temperaturas entre 550 y 850 °C. En este caso se forman carburos de cromo, preferentemente del tipo $Cr_{23}C_6$, que consumen el cromo protector contra la corrosión. Estos carburos precipitan preferentemente y en forma localizada en los bordes de grano dejando sin protección anticorrosiva el resto del borde del grano. La solución a este problema ha consistido en utilizar aceros austeníticos de la serie L (Low carbón), tales como los AISI 304L, 310L, 316L, y los aceros AISI 321 y 347, que contienen pequeñas cantidades de Ti y Nb, respectivamente, que son mejores formadores de carburos que el Cr, haciendo que éste permanezca en solución en la aleación.

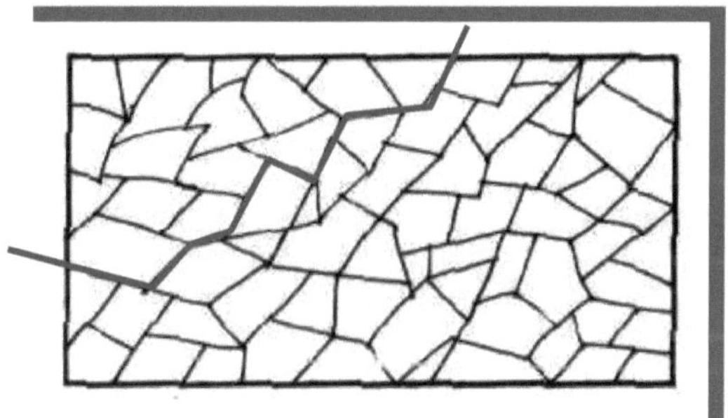

Figura 2.23. Corrosión intergranular

- Algunas aleaciones de níquel, endurecibles por precipitación, son susceptibles a la corrosión intergranular en algunos ambientes, como es el caso de las aleaciones base níquel Inconel 600, Inconel X – 750, Hastelloy B y C. La aleación Inconel X – 750 es susceptible a la corrosión intergranular en soluciones cáusticas calientes, en la ebullición de ácido nítrico al 75 % y en agua a altas temperaturas conteniendo bajas concentraciones cloruros u otras sales. La aleación Inconel 600 sufre precipitación de carburos en los límites de grano si se mantiene en el rango de temperaturas entre 540 a 770 °C. Las aleaciones Hastelloy B y C son susceptibles a la corrosión intergranular cuando se calientan entre 500 a 705 °C.

- Algunas aleaciones de cobre, como el latón para cartuchos, con 30 % de Zn, se corroe en forma intergranular en soluciones acuosas diluidas de H_2SO_4, $Fe_2(SO_4)_3$, $BiCl_3$ y otros electrolitos.

- El aluminio y sus aleaciones también son susceptibles a la corrosión intergranular. El aluminio de alta pureza se corroe a velocidad aproximadamente proporcional a la velocidad de enfriamiento y a los contenidos de hierro, cuando se enfría desde temperaturas superiores a los 600 °C. Las fases precipitadas en aleaciones de aluminio de alta resistencia, las hace susceptibles a la corrosión intergranular. El efecto es más pronunciado en las aleaciones que contienen precipitados $CuAl_2$, y un poco menos para aquellos que contienen $FeAl_3$, Mg_6Al_8, Mg_2Si, $MgZn_2$ y $MnAl_6$, a lo largo de los límites de grano o de las líneas de deslizamiento.

- En el titanio y algunas de sus aleaciones, se produce corrosión intergranular (y, en la presencia de tensiones de tracción, agrietamiento por corrosión bajo tensiones), bajo la acción de vapor de ácido nítrico a temperatura ambiente. El titanio comercialmente puro también es susceptible a este tipo de corrosión y agrietamiento en soluciones de metanol que contienen bromo, cloro o yodo. Algunas aleaciones de titanio, como la Ti – 8Al – 1Mo – 1V, sufren corrosión intergranular o agrietamiento por tensocorrosión, cuando se calientan en aire en contacto con cloruro de sodio húmedo (proveniente de huellas digitales, por ejemplo), a temperaturas de 260 °C o superiores.

2.2.4.9 LIXIVIACION SELECTIVA: La lixiviación selectiva, conocida también como corrosión selectiva o dealeación, es un proceso de corrosión en el que se remueve un elemento de una aleación sólida, tal como la deszincificación de los latones o la grafitización de las fundiciones grises. Muchas aleaciones son susceptibles a la lixiviación selectiva, bajo ciertas condiciones específicas. Los elementos que son más resistentes al medio ambiente permanecen en la aleación, suponiendo que tienen una suficiente continuidad estructural para impedir la ruptura en pequeñas partículas. En el caso del grafito, que es catódico respecto al hierro, permanece como una masa porosa, mientras el hierro es lixiviado fuera de la aleación; la corrosión grafítica se produce en ambientes acuosos relativamente suaves, y en tuberías enterradas y, generalmente a baja velocidad. Otros sistemas de aleación que pueden experimentar lixiviación selectiva en ambientes adversos son los bronces al aluminio, bronces al silicio y aleaciones de cobalto. También se ha informado de la corrosión selectiva del cromo en aceros inoxidables austeníticos sometidos a la acción de sales de nitrato, sódico y potásico, fundidas a temperaturas del orden de 600°C.

2.3.4.10 CORROSION BIOLOGICA Y BACTERIANA: La corrosión biológica es un proceso de corrosión que se produce debido a la actividad de organismos vivos, normalmente en virtud de sus procesos de ingestión de alimentos y eliminación de residuos, en los que los productos residuales son ácidos corrosivos o hidróxidos. Los organismos biológicos afectan los procesos de corrosión de los metales influyendo directamente sobre las reacciones anódicas y catódicas, ya sea afectando las películas superficiales de protección de los metales, o produciendo sustancias corrosivas, o depósitos sólidos. Estos organismos incluyen formas microscópicas tales como bacterias y tipos macroscópicos tales como algas y moluscos. Se ha observado que los organismos microscópicos y macroscópicos viven y se reproducen en medios con valores de pH entre 0 y 11, a temperaturas entre –1 y 82 °C, y bajo presiones que pueden alcanzar hasta 1000 kg/cm^2. Por consiguiente, la actividad biológica puede afectar la corrosión en una gran variedad de ambientes, incluyendo suelos, agua dulce y de mar, aceite, petróleo crudo y derivados y fluidos emulsionados utilizados en los procesos de corte.

La prevención o minimización de la corrosión biológica puede lograrse modificando el ambiente (mediante cambio del pH, por ejemplo) o utilizando recubrimientos adecuados, inhibidores de la corrosión, bactericidas o fungicidas, repelentes, o protección catódica (mediante ánodos de sacrificio de zinc, magnesio o aluminio, o utilizando corrientes impuestas).

2.3.4.11 CORROSION BAJO TENSIONES: Conocida también como tensocorrosión o corrosión fisurante ("stress corrosión cracking, SCC"), puede presentarse cuando un metal está sometido simultáneamente a la acción de un medio corrosivo y a tensiones mecánicas de tracción (Figura 2.24). Se originan fisuras que pueden ser transgranulares o intergranulares que se propagan hacia el interior del metal hasta que las tensiones se relajan o el metal se fractura. Los niveles de tensión que producen el agrietamiento por corrosión son bastante por debajo de la tensión de fluencia del material, por lo que tanto las tensiones residuales como las tensiones aplicadas pueden producir la falla. Mientras menor sea el nivel de las tensiones, mayor es el tiempo requerido para producir agrietamiento; así, se produce un nivel de tensión umbral, por debajo del cual no se produce agrietamiento por tensocorrosión.

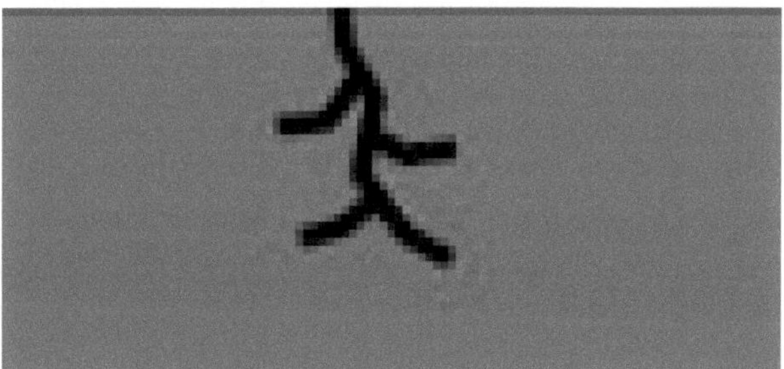

Figura 2.24. Agrietamiento por corrosión bajo tensiones, SCC, mostrando la típica ramificación de esta forma de corrosión.

La composición química del medio que produce el agrietamiento por corrosión bajo tensión, es altamente específica y peculiar para una aleación o sistema de aleaciones; no se observan patrones generalizados. Por ejemplo, los aceros inoxidables austeníticos son susceptibles a la tensocorrosión en ambientes clorados, pero no en ambientes amoniacales. En otro ejemplo, los casos de agrietamiento del latón para cartuchos, se encontró que el agrietamiento se produjo debido al amoníaco producido por la descomposición de materia orgánica. Del mismo modo, la fragilización cáustica de aceros de calderas, que ha producido explosivas fallas, fue el resultado del agrietamiento producido por hidróxido de sodio presente en el agua de la caldera.

El agrietamiento por corrosión bajo tensiones se ve influenciado por el nivel de las tensiones, composición química de la aleación, tipo de ambiente y temperatura de servicio. Se ha observado que la propagación de la grieta es intermitente, y crece hasta un tamaño crítico, después de lo cual se produce una falla súbita y catastrófica, de acuerdo con las leyes de la mecánica de la fractura. El crecimiento de la grieta por tensocorrosión, en una pieza de máquina cargada en forma estática, tiene lugar a través de la interacción de deformaciones mecánicas y procesos de corrosión química en la punta de la grieta. El mayor valor del Factor de Intensidad de Tensiones en deformación plana, para el cual no se produce crecimiento de la grieta en un ambiente corrosivo se designa por K_{ISCC}. En algunos casos, también se relaciona el comportamiento bajo condiciones de corrosión – fatiga con la magnitud de K_{ISCC}.

La prevención del agrietamiento en condiciones de corrosión bajo tensiones, debe estar orientado a disminuir las tensiones por debajo del nivel de umbral crítico, elegir la mejor aleación de acuerdo al medio ambiente, cambiar el medio para eliminar los elementos corrosivos que resulten críticos, uso de inhibidores de la corrosión o empleo de protección catódica. No obstante, antes de implementar la protección catódica, deben tomarse las precauciones para asegurarse de que esto realmente efectivo para prevenir el agrietamiento por corrosión bajo tensiones, debido a que la fragilización por hidrógeno se ve acelerada por las técnicas de protección catódica.

2.3.4.12 CELDAS DE CONCENTRACION: Si una pieza metálica se sumerge en un electrolito en el que hay una diferencia de concentración de uno o más de los compuestos disueltos o gases, dos áreas del metal en contacto con las soluciones de diferente concentración tendrán una diferencia de potencial entre ellas y formarán una celda de concentración. Dos piezas de un metal dado, conectadas eléctricamente, forman una celda de concentración de la misma manera. Ejemplos cásicos de esta forma de corrosión se observa en la línea de flotación de los barcos (Fig. 2.25), que está expuesta al aire marino, en la parte superior, y al agua de mar, en la parte inferior; otro ejemplo son las instalaciones portuarias y plataformas petroleras, en las que se observa una amplia banda de corrosión provocada por los cambios de las mareas.

Fig. 2.25. Corrosión por celdas de concentración en la línea de flotación de barcos

2.3.5. FALLA POR DESGASTE

El desgaste es el cambio acumulativo, no deseado, de las dimensiones debido a la remoción gradual de partículas discretas desde superficies en contacto que están en movimiento, normalmente deslizante, predominantemente como resultado de una acción mecánica. El desgaste no es un proceso simple, sino un conjunto de diferentes procesos que pueden tener lugar independientemente o combinados, provocando la remoción de material desde las superficies en contacto a través de una compleja combinación de cizalladura local, labrado, escoplado, soldadura, desgarramiento y otros. Generalmente se acepta que hay cinco grandes tipos de desgaste, que son: desgaste adhesivo, desgaste abrasivo, desgaste corrosivo, desgaste por fatiga de superficie y desgaste por deformación. Adicionalmente, algunos especialistas incluyen los tipos de desgaste por fretting y por impacto; algunos autores también consideran la cavitación y la erosión, como otras formas de desgaste. Cada uno de estos tipos de desgaste se produce por procesos físicos claramente diferentes y deben tratarse separadamente, aún cuando varios de estos tipos pueden actuar en forma combinada durante la operación de una máquina.

2.3.5.1 DESGASTE ADHESIVO: El desgaste adhesivo (Figura 2.26) se caracteriza frecuentemente como la forma más básica o fundamental del desgaste, debido a que se produce en algún grado, cuando dos superficies sólidas están en contacto, con fricción entre ellas, y permanece activo aún cuando las otras formas de desgaste hayan sido eliminadas. Tiene lugar debido a la alta presión local y a la soldadura de los lugares de contacto de las asperezas, seguido de la deformación plástica inducida por el movimiento y la ruptura de las asperezas que se han unido, con el resultado de que el metal es removido o transferido.

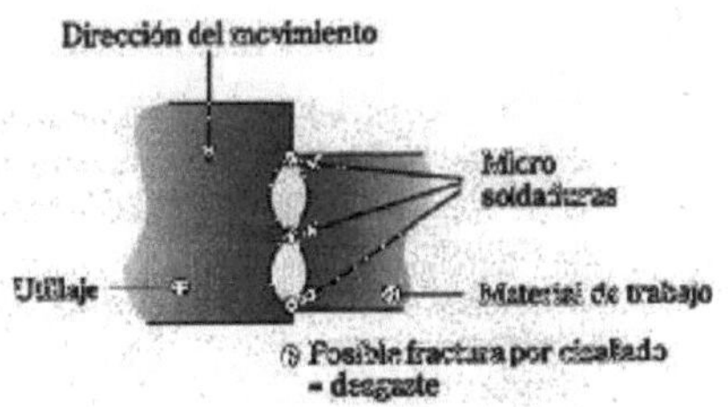

Figura 2.26: Desgaste adhesivo

El fenómeno del desgaste adhesivo puede ser mejor entendido si se asume que las superficies reales no son cuidadosamente preparadas y pulidas, por lo que muestran ondas, con valles y crestas, o asperezas. Cuando dos superficies rugosas están en contacto, sólo se tocan unas pocas asperezas, y el área real de contacto, A_r, es sólo una pequeña fracción del área de contacto aparente, A_a. Mediante experimentos de conductividad eléctrica se ha deducido que, para los rangos usuales de cargas de diseño de ingeniería, la razón entre el área real y el área aparente, A_r/A_a, está en el rango entre 10^{-2} a 10^{-5}. Por tanto, bajo muy pequeñas cargas aplicadas, la presión local en los sitios de contacto llega a ser suficientemente alta para exceder la tensión de fluencia de una o de ambas superficies, provocando fluencia plástica local. Si las superficies en contacto están limpias y libres de corrosión, el contacto íntimo generado por este flujo plástico local, atrae los átomos de las superficies en contacto generando fuertes fuerzas adhesivas; este proceso se le llama algunas veces soldadura en frío o microsoldadura. Entonces, si las superficies están sometidas a movimiento relativo, debe romperse la unión soldada en frío. Si se rompe la unión, en la interfaz, una partícula de una superficie es transferida a la otra superficie.

2.3.5.2 DESGASTE ABRASIVO: El desgaste abrasivo tiene lugar cuando las partículas de desgaste son removidas de la superficie debido a la acción de corte, labrado o escoplado de las asperezas de una superficie apareada dura, o por partículas duras atrapadas entre las dos superficies pareadas, como se muestra en la figura 2.27. Cuando hay partículas duras involucradas, éstas pueden ser atrapadas entre dos superficies deslizantes y desgastar una superficie o ambas, o bien pueden adherirse a una superficie y desgastar la opuesta. El desgaste abrasivo puede ocurrir en seco o en la presencia de líquidos.

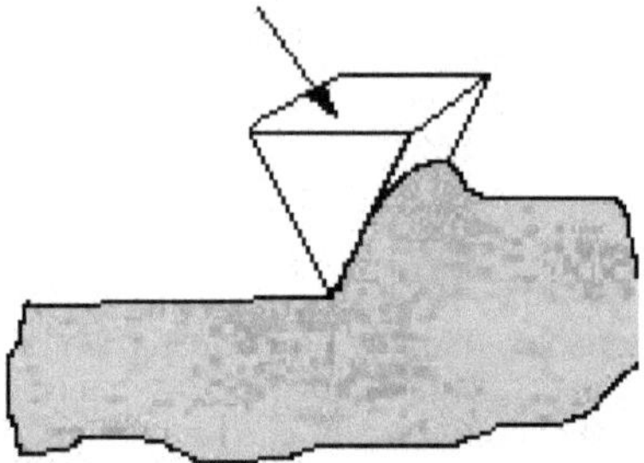

Figura 2.27: Desgaste abrasivo

En la selección de materiales resistentes al desgaste abrasivo, se ha demostrado que tanto la dureza como el módulo de elasticidad son propiedades adecuadas. El aumento de la resistencia al desgaste está asociado con altas durezas y bajos módulos de elasticidad, debido a que la cantidad de deformación elástica y de energía elástica que puede almacenarse en la superficie, aumentan para mayores durezas y bajos módulos de elasticidad.

En la tabla 2.4, se muestran varios materiales, con valores descendentes de la relación Dureza Brinell/ Módulo de Elasticidad (HB/E). Aún cuando no existen datos experimentales bien controlados, la experiencia muestra que la tabla que se incluye tiene una buena concordancia con la realidad.

2.3.5.2 DESGASTE CORROSIVO: Cuando las condiciones para el desgaste adhesivo o abrasivo coexisten con condiciones que producen corrosión, los procesos interactúan sinergéticamente para producir desgaste corrosivo (Figura 2.28). Si los productos de corrosión son duros y corrosivos, las partículas de corrosión desalojadas, atrapadas entre las superficies en contacto, acelerarán los procesos de desgaste abrasivo. A su vez, los procesos de desgaste pueden remover las capas de “superficie protectora” de productos de corrosión, con lo cual queda metal nuevo expuesto a la atmósfera corrosiva, acelerando el proceso de corrosión. Por otra parte, algunos productos de corrosión, por ejemplo fosfatos metálicos, sulfuros y cloruros, forman como una película lubricante blanda, que en realidad mejora notoriamente las tasas de desgaste, especialmente si el fenómeno dominante es el desgaste adhesivo.

TABLA 2.4. Relaciones Dureza/Módulo elástico para diversos materiales

MATERIAL	CONDICION	RELACION (HB/E) X 10^{-6}
Alúmina Al_2O_3	Pegada	143
Fundición Gris	Dura	33
Carburo de Tungsteno	9 % de Co	22
Acero	Duro	21
Titanio	Duro	17
Aleación de Aluminio	Duro	11
Fundición Gris	Normal	10
Acero Estructural	Blando	5
Fundición Maleable	Blanda	5
Hierro Forjado	Blando	3,5
Cobre	Blando	2,5
Plata	Pura	2,3
Aluminio	Puro	2
Plomo	Puro	2
Estaño	Puro	0,7

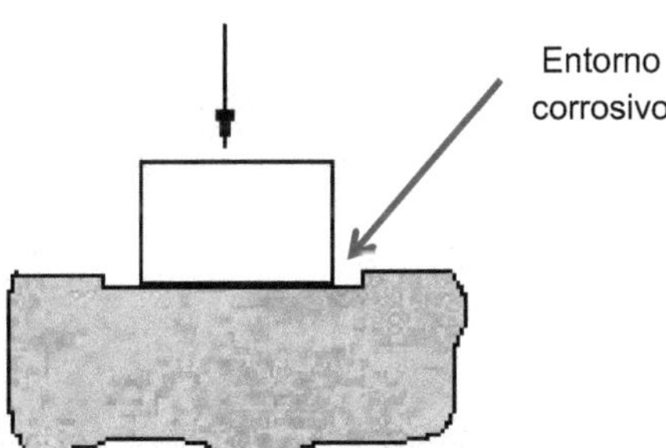

Figura 2.28: Desgaste Corrosivo

2.3.5.4 DESGASTE POR FATIGA DE SUPERFICIE: Según ya se describió, el desgaste por fatiga de superficie es un fenómeno de desgaste asociado con superficies curvas, en rodillos o en contacto deslizante, en el que las tensiones cíclicas de corte en la subsuperficie inician grietas que se propagan hasta la superficie, astillando hacia afuera partículas macroscópicas y que forman picaduras de desgaste. Este tipo de falla es común en rodamientos, engranajes, levas y otras partes de máquina que involucran superficies de rodadura en contacto (Figura 2.29). Pruebas empíricas de los fabricantes de rodamientos muestran que el número de ciclos N, puede determinarse aproximadamente por la relación:

$$N = \left(\frac{C}{P}\right)^3$$

donde P es la carga equivalente que actúa sobre el rodamiento y C es la carga dinámica para un tipo de rodamiento, la cual ha sido definida como la carga radial C que un grupo de rodamientos idénticos puede soportar durante un millón de revoluciones, con un 90% de confiabilidad.

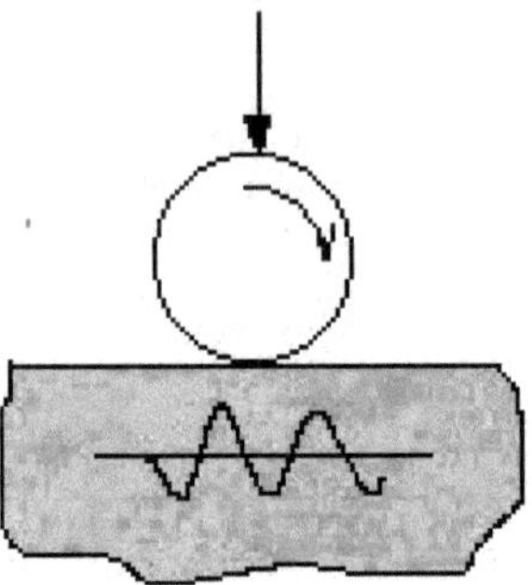

Figura 2.29. Desgaste por fatiga de superficie

2.3.5.5 DESGASTE POR DEFORMACION: El desgaste por deformación surge como el resultado de una deformación plástica repetida en las superficies que se desgastan, produciendo una matriz de grietas que crecen y coalescen para formar partículas de desgaste, o que puede producir deformación plástica acumulativa permanente, que finalmente crece hasta una indentación superficial inaceptable. El desgaste por deformación generalmente es causado por cargas muy severas de impacto entre dos superficies que se desgastan. Aún cuando se han hecho algunos progresos en el análisis del desgaste por deformación, las técnicas son todavía bastante especializadas.

2.3.5.6 DESGASTE POR IMPACTO: El desgaste por impacto es una deformación elástica repetida inducida por impacto, que produce una matriz de grietas que crecen de acuerdo con la descripción de fatiga de superficie dada recién. Bajo ciertas circunstancias, el desgaste por impacto puede generarse simplemente por impacto normal, y bajo otras circunstancias, el impacto puede contener elementos de rodadura y/o deslizamiento. La severidad del impacto, generalmente se mide o expresa en términos de la energía cinética. La geometría de las superficies que impactan y las propiedades de los materiales de las dos superficies en contacto juegan un rol importante en la determinación de la severidad del daño del desgaste por impacto.

2.3.5.7 FRETTING: La acción de desgaste por rozamiento o fretting se produce en la interfaz entre dos cuerpos sólidos cualesquiera, cuando ellos son presionados uno con respecto al otro mediante una fuerza normal y son sometidos a movimiento cíclico relativo de pequeña amplitud. El fretting normalmente tiene lugar en uniones que no están proyectadas para moverse, pero debido a cargas vibracionales o deformaciones, experimentan pequeños movimientos relativos cíclicos. Típicamente, los restos producidos por la acción del fretting quedan atrapados entre las superficies, debido a los pequeños movimientos involucrados La falla de desgaste por fretting se produce cuando los cambios dimensionales de las partes pareadas, debido a la presencia de la acción del fretting, llegan a ser suficientemente grandes para interferir con las funciones de diseño adecuadas o para producir una concentración geométrica de tensiones de tal magnitud que la falla se produce como resultado del excesivo nivel de tensiones locales (Figura 2.30).

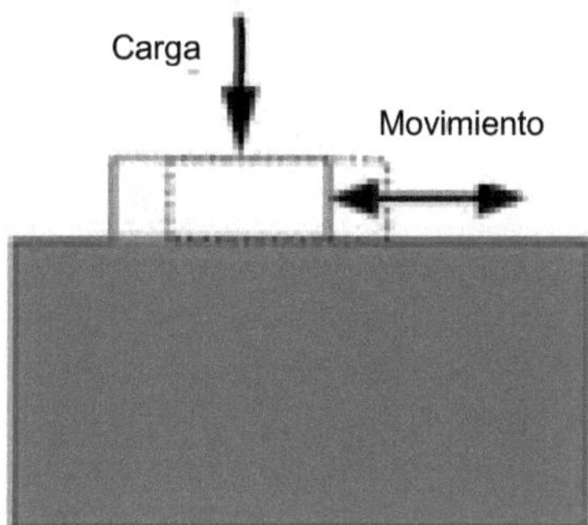

Figura 2.30: Desgaste por fretting

El "fretting", consiste en una combinación de desgaste y corrosión. Este es el caso, por ejemplo, que se produce en las superficies de contacto entre ejes y poleas o engranajes. La falla por fatiga - fretting es la fractura prematura por fatiga de un componente de máquina sometido a cargas o deformaciones fluctuantes, junto con las condiciones que producen simultáneamente la acción del fretting. Las discontinuidades superficiales y microgrietas generadas por la acción del fretting actúan como núcleos de grietas de fatiga, que se propagan hasta la falla, bajo condiciones de carga de fatiga que, de otro modo, podría ser aceptable. La falla por fatiga - fretting es un modo de falla solapado, insidioso, debido a que la acción del fretting generalmente está escondida dentro de una unión, donde no puede ser vista, y conduce a una falla por fatiga prematura, inesperada, de naturaleza repentina y catastrófica.

- La falla de desgaste por fretting se produce cuando los cambios dimensionales de las partes pareadas, debido a la presencia de la acción del fretting, llegan a ser suficientemente grandes para interferir con las funciones de diseño adecuadas o para producir una concentración geométrica de tensiones de tal magnitud que la falla se produce como resultado del excesivo nivel de tensiones locales.

- La falla por corrosión - fretting se produce cuando una pieza de máquina se vuelve incapaz de cumplir su función proyectada debido a la degradación de la superficie del material con que está construida la pieza, como resultado de la acción del fretting.

2.3.6. FALLA POR IMPACTO

La falla por impacto se produce cuando un miembro de máquina es sometido a cargas dinámicas que producen en la pieza tensiones o deformaciones de tal magnitud que la pieza no es capaz de cumplir su función de diseño. La falla se produce por la interacción de ondas de tensión o de deformación generadas por cargas dinámicas o aplicadas súbitamente, las cuales pueden inducir tensiones y deformaciones locales varias veces mayores que las que podría inducir la aplicación estática de la misma carga.

a). Si las magnitudes de las tensiones y deformaciones son suficientemente altas para causar la separación de la pieza en dos o más partes, la falla se llama fractura por impacto.

b). Si el impacto produce deformaciones elásticas o plásticas intolerables, la falla se denomina deformación por impacto.

c). Cuando hay impactos repetidos, se inducen deformaciones elásticas cíclicas que conducen a la iniciación de una matriz de grietas por fatiga, las cuales crecen hasta fallar mediante el fenómeno de fatiga de superficie descrito anteriormente. En este caso el proceso se llama desgaste por impacto.

d). Si la acción de "fretting", como se describió en párrafos anteriores, es inducida por pequeños desplazamientos relativos laterales entre dos superficies que impactan juntas, donde los pequeños desplazamientos son causados por deformaciones de Poisson o pequeñas componentes tangenciales de velocidad, el fenómeno se llama fretting por impacto.

e). La falla por fatiga por impacto se produce cuando una carga de impacto se aplica repetitivamente a un componente de máquina, hasta que ocurre la falla mediante nucleación y propagación de grietas por fatiga.

2.3.7. FALLA POR CREEP

La falla por creep se produce cuando la deformación plástica en un componente de máquina se acumula durante un período de tiempo, bajo la influencia de tensiones y temperaturas, hasta que los cambios dimensionales acumulados interfieren con la capacidad del componente para cumplir satisfactoriamente su función proyectada. Normalmente se observan tres etapas de creep. (1). Creep primario o transitorio, período durante el cual la velocidad de deformación disminuye; (2). Estado estacionario o creep secundario, durante el cual la velocidad de deformación es virtualmente constante; (3). Creep terciario, durante el cual la velocidad de deformación aumenta, por lo general bastante rápidamente, hasta que se produce la ruptura. Esta ruptura final se llama ruptura por creep y puede producirse o no, dependiendo de las condiciones de tensión – tiempo - temperatura.

Los ensayos para medir la resistencia mecánica a temperaturas elevadas deben elegirse de acuerdo con la duración en servicio que los materiales deban tener. Por esta razón, un ensayo de tracción a temperatura elevada puede proporcionar información útil sobre el comportamiento de un objeto que deba tener una corta en servicio, tal como una ojiva de un misil o un motor de un cohete, pero los resultados no son aplicables para predecir la vida en servicio de una tubería de vapor de la que se exige que dure 100.000 horas a altas temperaturas, por ejemplo. Para este último tipo de situaciones existen dos tipos de ensayos:

- El ensayo de creep, que mide la variación de dimensiones que se produce durante la exposición a altas temperaturas, ya que muchas veces la falla se produce porque las dimensiones exceden los límites tolerables sin que la pieza colapse.
- El ensayo de tracción hasta la ruptura, que mide el efecto de la temperatura en la capacidad de soportar cargas durante tiempos largos.

En general, se acepta que el creep es importante a temperaturas superiores a $0,5T_F$ °K, no obstante, puede iniciarse temperaturas inferiores, las cuales se señalan a continuación:

Para metales	:	$T > (0,3 - 0,4)T_F$ °K
Para cerámicos	:	$T > (0,4 - 0,5)T_F$ °K

donde T_F, es la temperatura de fusión absoluta (en °K).

2.3.7.1 CURVA TIPICA DE CREEP

Los datos de un ensayo de creep se representan en un gráfico bi – logarítmico, como el de la figura 2.31. En este tipo de diagrama se distinguen claramente tres zonas diferentes: la de creep primario, en que la velocidad de deformación es decreciente; la de creep secundario, donde la velocidad de deformación (de creep), es constante; y, finalmente, la de creep terciario, donde la velocidad de creep crece hasta la rotura. La pendiente de la curva $\frac{d\varepsilon}{dt} = \dot{\varepsilon}$, representa la velocidad de deformación, o de creep.

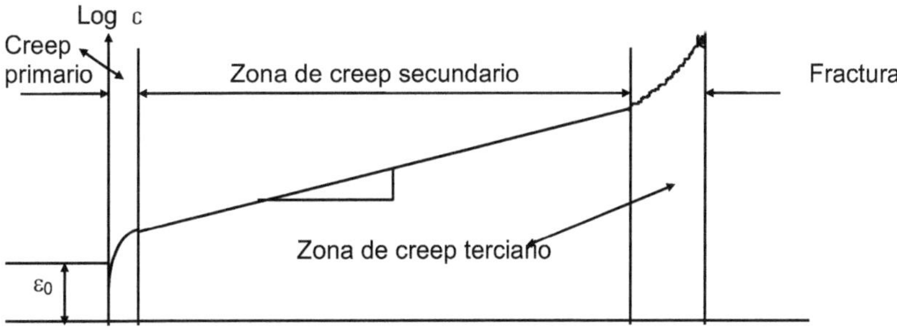

FIGURA 2.31. DIAGRAMA DE CREEP

Tanto el aumento de la tensión como el incremento de las temperaturas, tienden a aumentar las velocidades de creep y, consecuentemente, a disminuir los tiempos de duración de los componentes.

No obstante, el diagrama anterior es poco práctico para el uso ingenieril, por lo que, en la mayoría de los casos es más útil el empleo de otro tipo de diagramas, los cuales se verán en el apartado siguiente.

2.3.7.2 APLICACIONES PRACTICAS DE LOS DATOS DE CREEP

El método más práctico y simple consiste en utilizar los datos obtenidos en el ensayo de ruptura por tensiones a temperaturas elevadas, registrándose la tensión aplicada, o el logaritmo de ella, en ordenadas, y el logaritmo del tiempo de ruptura, en horas, en el eje de las abscisas, como se muestra en el diagrama de la figura 2.32.
El segundo método emplea los datos del ensayo de creep, es decir, el logaritmo de la tensión aplicada, en el eje vertical, y el logaritmo de la tasa de creep, en % por hora (o por cada 1000 horas, en otros diagramas), como se muestra en la figura 2.33.

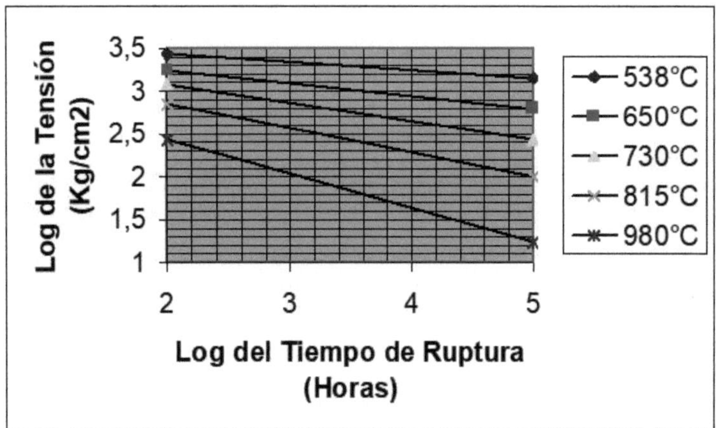

Fig. 2.32. Diagrama Tensión – Tiempo de ruptura (Log – Log) para diversas temperaturas.

En la literatura técnica es corriente encontrar ambos diagramas mencionados en los puntos anteriores, superpuestos en uno solo; naturalmente, se encuentran en forma separada para cada material. Cualesquiera de las tres formas, son las que se emplean habitualmente en el diseño de ingeniería de piezas que trabajan a temperaturas elevadas.

La falla por relajación térmica, como ya se ha mencionado, se produce cuando los cambios dimensionales debido a los procesos de creep originan la relajación de piezas predeformadas o pretensadas, hasta que no son capaces de cumplir su función de diseño. Por ejemplo, si los pernos pretensados de una brida de un recipiente de presión a alta temperatura, se relajan en un período de tiempo debido al creep de los pernos, de modo que finalmente las presiones máximas excedan la precarga, y la brida no cumple su función selladora, los pernos habrán fallado debido a relajación térmica.

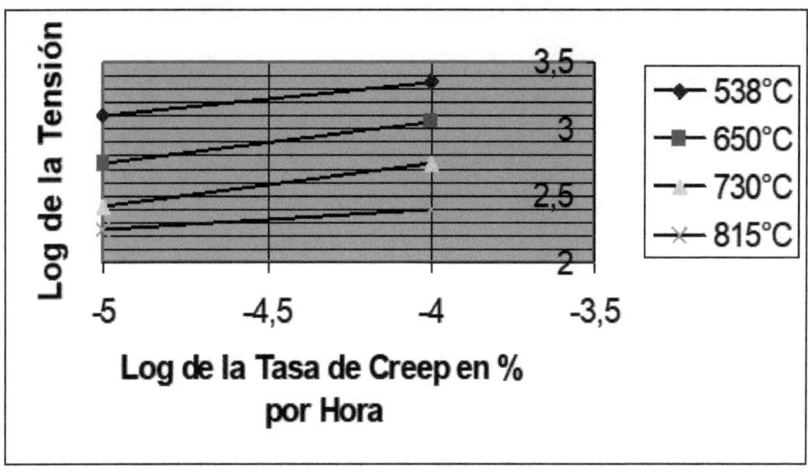

Figura 2.33. Diagrama de Tensión - % Creep por hora

La falla por ruptura por tensiones está también relacionada íntimamente con los procesos de creep, excepto que la combinación de tensiones, tiempos y temperaturas es tal que se asegura la ruptura de la pieza en dos o más partes. En este tipo de falla, la combinación de tensión y temperatura es tal que la etapa de creep estacionario es muy corta o no existe.

2.3.8. FALLA POR CHOQUE TERMICO

La falla por choque térmico se produce cuando los gradientes térmicos generados en un componente de máquina son tan pronunciados que las deformaciones térmicas diferenciales exceden la capacidad del material de resistir, sin que haya fluencia o fractura. Esto puede ocurrir en un tratamiento térmico, tanto en la etapa de calentamiento como en la etapa de enfriamiento.

2.3.9. FALLA POR PANDEO

La falla por pandeo se produce cuando, a causa de una combinación crítica de magnitud y/o punto de aplicación de una carga, junto con la configuración geométrica de un componente de máquina, la deflexión de un componente aumenta fuertemente en forma repentina con sólo un pequeño cambio de la carga. Esta respuesta no lineal conduce a la falla por pandeo si el componente pandeado no es capaz de cumplir su función de diseño. En la figura 2.34 se muestra una falla por pandeo de una estructura.

En el caso de la falla por pandeo, como en varios otros modos de falla, es imprescindible un análisis de esfuerzos, especialmente si actúan esfuerzos combinados, con el propósito de evaluar si las dimensiones y geometría de la estructura son adecuadas para la aplicación.

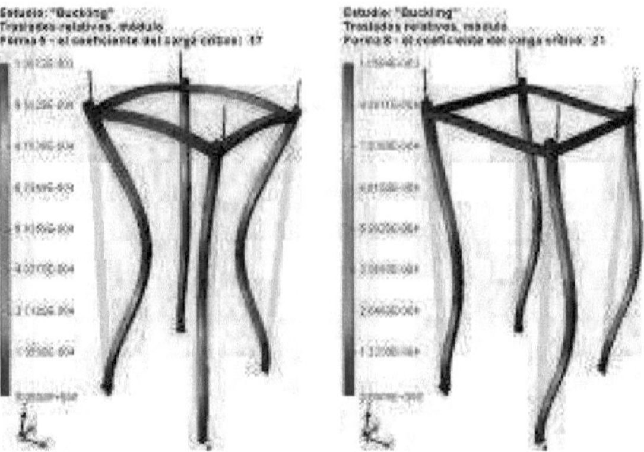

Fig. 2.34. Pandeo en estructuras

2.3.10. FALLA POR CORROSION - FATIGA

La corrosión - fatiga es una combinación de modos de falla donde la corrosión y la fatiga combinan sus efectos detrimentales para producir la falla de un componente de máquina. Los procesos de corrosión normalmente producen picaduras y discontinuidades superficiales que actúan como aumentadores de tensiones, que, a su vez, aceleran la falla por fatiga. Posteriormente, las grietas en la capa corroída, generalmente frágil, también actúan como núcleos de grietas de fatiga que se propagan hacia el material base. Por otra parte, las cargas o deformaciones cíclicas producen agrietamiento y descascara de la capa de corrosión, con lo que se expone metal fresco al medio corrosivo. Así, cada proceso acelera al otro, haciendo que, por lo general, el resultado sea desproporcionadamente serio.

Las fallas por corrosión-fatiga son causadas por los efectos combinados de un ambiente corrosivo y tensiones cíclicas de magnitud suficiente. La corrosión-fatiga generalmente disminuye el nivel de esfuerzo mínimo y/o el número de ciclos que causan falla con respecto a un entorno inerte. Las grietas por corrosión-fatiga pueden desarrollarse en sitios de concentración de esfuerzos (elevadores de esfuerzo) tales como pits, muescas u otras irregularidades superficiales. La corrosión-fatiga se asocia comúnmente con las restricciones o los accesorios rígidos. La fisura por corrosión se produce más frecuentemente en las calderas que funcionan cíclicamente. La superficie de fractura de una grieta de corrosión-fatiga es gruesa pero afilada y perpendicular a la tensión de tracción máxima. Múltiples grietas paralelas suelen estar presentes en la superficie metálica cerca del fallo. El examen microscópico detecta grietas rectas y no ramificadas. Las grietas a menudo son de forma afilada y llenas de óxido. El óxido sirve para evitar que la grieta se cierre e intensifique las tensiones en la punta de la grieta durante los ciclos de tracción, ayudando ası al crecimiento de la grieta.

Se puede reducir o eliminar el agrietamiento por corrosión-fatiga controlando tensiones de tracción cíclicas (reduciendo o evitando el funcionamiento cíclico de la caldera o extendiendo los tiempos de arranque y apagado), rediseñando las restricciones de tubos y accesorios donde podría ocurrir la expansión diferencial, controlando la química del agua para reducir la formación de elevadores de esfuerzo tales como pits y eliminación de tensiones residuales mediante tratamiento térmico, si es posible, alterando la aleación mediante cambios químicos o microestructurales mediante solidificación direccional o producción de un solo cristal, o aplicando una deformación compresiva sobre la superficie exterior de un componente de aleación por granallado u otro proceso similar.

Las tensiones cíclicas de tubos de caldera son tensiones aplicadas periódicamente a los tubos de la caldera que pueden reducir la vida esperada del tubo a través de la iniciación y propagación de las grietas por fatiga. El ambiente dentro de la caldera sugeriría que los corrosivos también interactuarían con el tubo para ayudar en este proceso de agrietamiento. Las fallas por vibración y fatiga térmica describen el tipo de tensiones cíclicas que intervienen en la iniciación y propagación de estas fracturas.

Las grietas por fatiga por vibración se originan y se propagan como resultado de la vibración inducida por el flujo. Esto ocurre cuando los tubos están unidos a tambores, cabezales, paredes, sellos o soportes. Las orientaciones circunferenciales son comunes a las grietas de fatiga por vibración. Los sitios de inicio de la grieta generalmente ocurren en las porciones de tubo (externas) de la chimenea.

Las grietas de fatiga térmica se desarrollan a partir de tensiones excesivas inducidas por un ciclo rápido y cambios repentinos de la temperatura del fluido en contacto con el metal del tubo a través del grosor de la pared del tubo. Esto puede ser causado por arranques rápidos de caldera por encima de los límites de parámetros de operación apropiados. El enfriamiento de agua por rociado de condensado en el medio de soplado de hollín y las tolvas de cenizas inferiores también pueden inducir grietas de fatiga térmica. El enfriamiento repentino de las superficies de los tubos provoca fuertes tensiones debido a que el metal superficial enfriado tiende a contraerse; Sin embargo, este metal queda restringido por el metal más caliente debajo de la superficie. Los procedimientos que pueden reducir estos gradientes de temperatura cíclicos repentinos disminuyen o eliminan el agrietamiento por fatiga térmica.

El ciclado frecuente puede reducir la vida de diseño de los componentes de alta temperatura de los predichos para el funcionamiento en estado estacionario. Las condiciones de temperatura cíclicas aceleran el ataque principalmente a través de la pérdida de la escama protectora. Dependiendo de la gravedad de los ciclos térmicos en un componente de alta temperatura, es probable el astillado de la barrera térmica, recubrimientos cromados y aluminizados. En ciertos casos, como en las superaleaciones de base níquel en ambientes oxidantes a altas temperaturas, las condiciones agresivas pueden retardar la propagación de la fractura por fatiga. Los aceros inoxidables tienen buenos límites de fatiga por corrosión en comparación con otros aceros.

CAPITULO 3
CAUSAS DE LAS FALLAS

Las fuentes fundamentales o causas de fallas abarcan aspectos de diseño, selección de materiales, imperfecciones del material, fabricación y procesamiento, conformado, montaje, inspección, ensayos, control de calidad, almacenamiento y transporte, condiciones de servicio, mantenimiento, exposiciones inadvertidas a sobrecargas, daño mecánico o químico en servicio. En la práctica, lo normal es que se encuentre más de una causa contribuyendo a la ocurrencia de una falla, lo que, habitualmente, hace más complejo el análisis.

3.1 DEFICIENCIAS EN EL DISEÑO

Algunas fallas se originan por deficiencias en el diseño, siendo de tal naturaleza que pueden mostrar que se ha realizado muy poco esfuerzo de ingeniería para evitar aspectos de diseño que son conocidos como iniciadores de fallas. En el otro extremo, muchas veces un diseño, puede ser concebido cuidadosamente y evaluarse perfectamente, pero aún así pueden encontrarse deficiencias que contribuyen a una falla en servicio. Ejemplo claro de este último caso son los accidentes de los transbordadores espaciales Challenger y Columbia.

La responsabilidad fundamental de todo diseñador mecánico es asegurar que su diseño funcione, de acuerdo a lo proyectado, durante el tiempo de vida en servicio y, al mismo tiempo, sea competitivo en el mercado. El éxito en el diseño de productos competitivos y, al mismo tiempo, evitar la ocurrencia de fallas mecánicas prematuras, puede alcanzarse de manera consistente solamente mediante el reconocimiento y evaluación de todos los modos potenciales de falla que pueden controlar el diseño. Por su parte, el mantenedor debe asumir el desafío de que el equipo funcione correctamente, con los mayores indicadores de disponibilidad y confiabilidad, lo que va de la mano con la ocurrencia de fallas en servicio.

Si el diseñador y el mantenedor deben reconocer los modos potenciales de falla, a lo menos debe estar familiarizado con las condiciones que conducen a estas fallas. Si el diseñador y el mantenedor desean ser efectivos para evitar fallas, deben tener un buen conocimiento de las técnicas analíticas y/o empíricas de predicción de fallas, de modo que puedan prevenir las fallas durante el tiempo de vida prescrito en el diseño. En consecuencia, es claro que el análisis, predicción y prevención de fallas son de importancia vital para todo diseñador que quiera tener éxito.

Todo proyecto de diseño en ingeniería tiene como primer objetivo la satisfacción de un deseo o necesidad humana, de otro modo, como ingenieros, podríamos estar perdiendo nuestro tiempo. Desafortunadamente, en un sistema de ingeniería complejo, puede ser imposible definir un diseño óptimo absoluto, y mucho menos producirlo. Aún si pudiera definirse un diseño óptimo, frecuentemente es demasiado caro hacerlo. Aún así, habitualmente la competencia demanda que el funcionamiento debe mejorarse, la vida en operación debe prolongarse, el peso debe disminuirse, o debe reducirse el costo.

En la figura 3.1 se muestra un componente de un camión militar que falló prematuramente debido a un defecto de diseño. El defecto consiste en que se proyectó un concentrador de tensiones justo en la zona de mayores esfuerzos en el componente. La solución consistió en terminar el agujero unos 25 mm antes del extremo del soporte

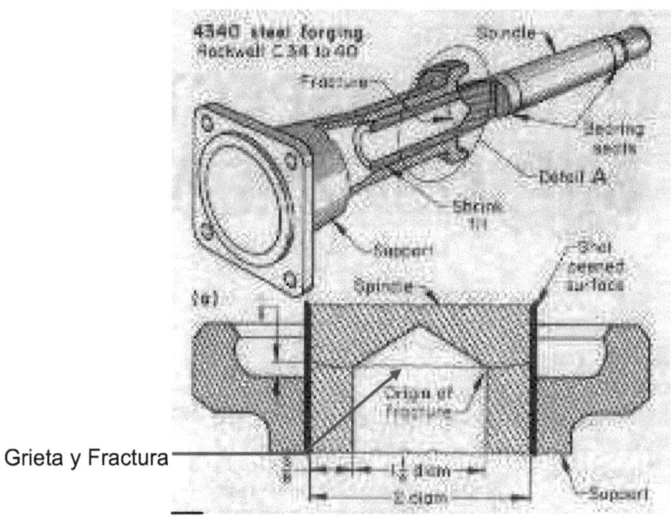

Figura 3.1

Los diseñadores y mantenedores serán desafiados como nunca antes si se enfrentan a las siempre crecientes demandas de la sociedad. La introducción de nuevos materiales, la necesidad de mayores velocidades de operación, altas temperaturas, menores pesos, pequeños volúmenes, largas vidas, bajos costos y mejoramiento de la compatibilidad ecológica, sirven para exigir mejores técnicas de diseño.

Por ejemplo, están siendo bastante comunes velocidades rotacionales de ejes de 30.000 rpm y mayores. Temperaturas de operación de 1200 ºC y mayores son cada vez más frecuentes. Vuelos con régimen supersónico y el ambiente del espacio enfrentan a muchos diseñadores. Igualmente exigentes son los problemas de proveer equipos en miniatura o reemplazar prótesis en el sistema cardiovascular ú otros órganos del cuerpo humano.

Estas severas condiciones de servicio han forzado a los diseñadores a estudiar más cuidadosamente el comportamiento de los materiales, a evaluar mejor la naturaleza de las condiciones reales de servicio y a comprender mejor los diferentes modos de fallas mecánicas. Los diseñadores han sido forzados a desarrollar una mayor comprensión de las tensiones y deformaciones producidas por cargas dinámicas en ambientes adversos y los efectos de los campos de tensiones residuales producidos por los procesos de manufactura. La aceptación de defectos preexistentes, como grietas, en todos los materiales y estructuras reales ha obligado al desarrollo de nuevas herramientas de diseño para tratar la propagación de grietas bajo condiciones de cargas monotónicas y fluctuantes. La inspeccionabilidad y la mantenibilidad se han unido a la confiabilidad y disponibilidad como importantes criterios de diseño.

La figura 3.2 muestra la falla prematura en la cabeza del dispositivo de retención de los resortes de válvula de un motor de automóvil, V8, debido a un radio de curvatura muy pequeño. La solución consistió simplemente en aumentar el radio de curvatura.

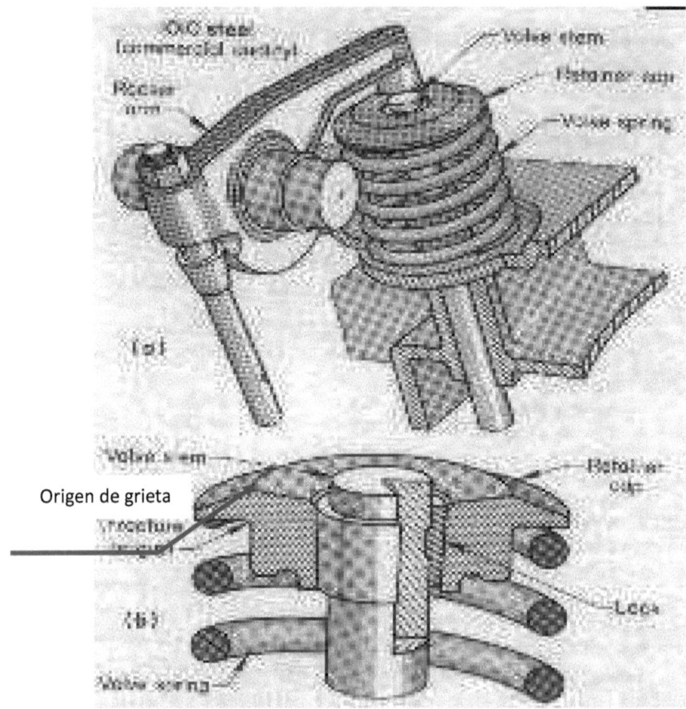

Figura 3.2

En cierto sentido, un "diseño perfecto" debería ser aquel en que toda la máquina falle completamente para una vida dada previamente. Es decir, cada parte de cada componente debería diseñarse para que se desintegre en polvo precisamente en el tiempo preestablecido. Hay muchas razones prácticas por las que tal diseño no es posible, aún cuando se piense que este diseño podría utilizar totalmente el material. Si fuera posible producir tal "diseño perfecto", seguramente requeriría de un análisis altamente refinado, de un extenso desarrollo experimental, de un conocimiento exacto de las propiedades del material, de condiciones operacionales definidas con precisión y de un diseñador meticuloso que coordine el trabajo. Puesto que un trabajo de diseño tan altamente refinado es costoso, tanto en tiempo como en dinero, un diseño de ingeniería exitoso debe balancear el costo del análisis y el esfuerzo de diseño frente a la necesidad en cada caso particular. Obviamente, este llamado "diseño perfecto", que supera en 10 veces el costo de la competencia "no es un diseño tan perfecto", sino un diseño aceptable que no es la antesala de un diseñador exitoso.

3.1.1 ENTALLADURAS MECANICAS.

La deficiencia de diseño observada con más frecuencia y más fácil de evitar, es la presencia de entalladuras en puntos de altas tensiones. El uso de cantos demasiado agudos en un cambio de sección de un eje o de un componente similar, sometido a cargas de tracción y/o de flexión, es un ejemplo típico de deficiencias de diseño. En la figura 3.3 se muestran diversos tipos de entalladuras mecánicas. La figura 2.2 muestra un pasador de una pala, con dos orificios para lubricación que se cruzan; esta es una situación que siempre debe evitarse.

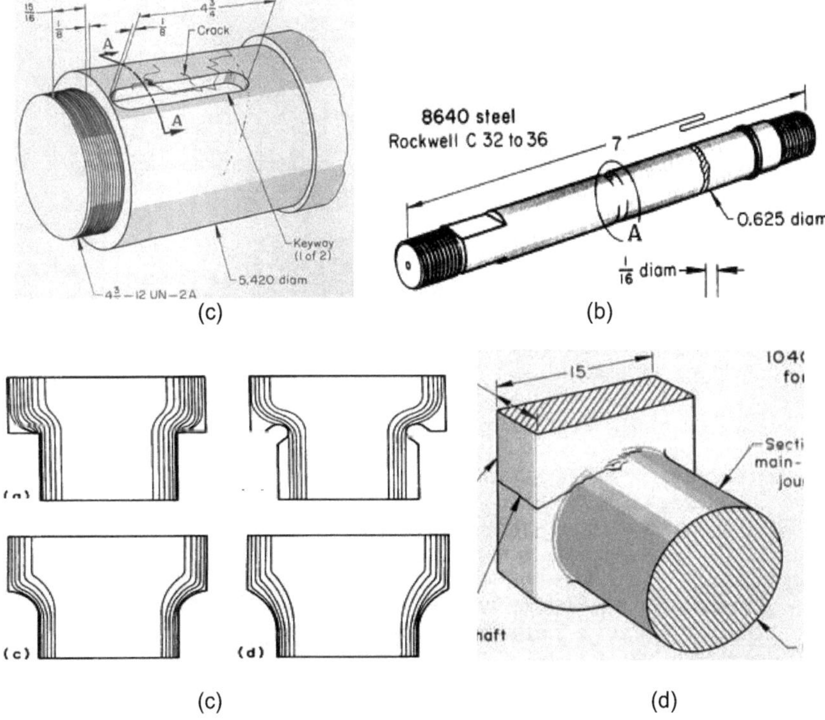

FIGURA 3.3. DIFERENTES TIPOS DE ENTALLADURAS

En términos generales, un aspecto de diseño que es particularmente conducente a fallas y siempre debería ser evitado, es la intersección de dos entalladuras, tales como un chavetero y un radio de acuerdo en un eje.

Figura 3.4. Pasador fracturado por la presencia de entalladuras mecánicas

3.1.2 CAMBIOS DE DISEÑO.

Los cambios de diseño, muchas veces se llevan a cabo sin considerar cuidadosamente la posible introducción de concentradores de tensión, en la forma de entalladuras, cambios de sección, chaveteros, perforaciones, roscas, o cualquier tipo de discontinuidad superficial, cambios de materiales, distintos procesos de fabricación, introducción de piezas soldadas, etc.

3.1.3 CAMBIO DE FUNCION DE COMPONENTES.

En muchos diseños, un componente se utiliza en una nueva aplicación, en las que debe soportar condiciones de servicio más severas que en la aplicación original, produciéndose una sobrevaloración del componente.
Algunas de las causas más comunes que contribuyen a las fallas en nuevas aplicaciones son:

- Campos de tensiones diferentes y/o demasiado complejos.
- Concentradores de tensiones que pudieron no haber sido importantes en la aplicación original.
- Cambios de las zonas críticas.

3.1.4 CRITERIOS DE DISEÑO INSUFICIENTES O INCORRECTOS.

Pueden resultar deficiencias en el diseño debido a la imposibilidad de realizar cálculos de tensiones confiables para componentes demasiado complejos, o a información incompleta o imprecisa acerca de las magnitudes y tipo de las cargas que actuarán sobre la pieza cuando se encuentre en servicio (tal como ocurre en equipo de minería, máquinas agrícolas, equipo de excavación y movimiento de tierra, montacargas, etc.), desconocimiento de las temperaturas de operación, desconocimiento del entorno de servicio, etc.

En otros casos, pueden existir componentes en los que las cargas en servicio se conozcan con exactitud y el análisis de tensiones sea extremadamente preciso, en los cuales pueden surgir deficiencias en el diseño cuando se establece la capacidad de carga de un equipo basándose en datos de resistencia a la tracción del material, por ejemplo, sin tener en cuenta la posibilidad de falla debido a mecanismos tales como fractura frágil, fatiga de bajo número de ciclos, corrosión intergranular, pandeo, agrietamiento por corrosión bajo tensiones, corrosión, corrosión – fatiga, creep, etc.

3.1.5. DEFICIENCIAS EN LA SELECCIÓN DEL MATERIAL

Debido a que la selección del material, como parte del diseño total de un producto, debe realizarse en relación con los aspectos dimensionales y geométricos del diseño, este tema puede considerarse también como un problema de diseño. En la actualidad, la disponibilidad de diversos tipos de materiales es tan amplia, que hace que el proceso de selección de un material deba ser en extremo cuidadoso. M. Ashby ha propuesto las cartas de Ashby que resulta una inegeniosa herramienta para ayudar en la selección de materiales [12].

a)USO INADECUADO DE LOS DATOS DEL ENSAYO DE TRACCION.

Si bien es cierto, la mayoría de las especificaciones estándar requieren datos del ensayo de tracción, estos datos son solo parcialmente indicativos de la resistencia mecánica a ciertas condiciones específicas de servicio. El uso de los datos del ensayo de tracción normal es útil, principalmente, como una rutina para verificar la calidad relativa de diferentes lotes de un material dado; los datos obtenidos sirven como un índice de la variabilidad del material entre lotes.

Excepto en las pocas situaciones en que la fractura dúctil o la fluencia generalizada, a temperatura ambiente, pueda ser la condición limitante para la falla, la tensión de fluencia y la resistencia a la tracción no solo son criterios inadecuados para evitar fallas, sino que pueden conducir a una selección insatisfactoria del material. Una alta resistencia a la tracción, por ejemplo, normalmente es perjudicial en componentes en que pueden existir severos concentradores de tensiones, en los cuales el mecanismo potencial de falla es la fatiga o la fractura frágil, o incluir corrosión combinada con cargas estáticas (tensocorrosión), o con cargas cíclicas (corrosión – fatiga).

En resumen, la selección del material debe hacerse en función de los todos los requerimientos a que estará sometida la pieza que se está diseñando, tales como fatiga, corrosión, desgaste, creep, impacto, etc., como asimismo las restricciones existentes tales como peso, volumen, formas, etc. En esta selección se debe tener en cuenta la evolución que han tenido los materiales en las últimas décadas, donde hemos visto la irrupción de polímeros de alta resistencia mecánica, mejorada resistencia a las altas temperaturas, alta resistencia a la corrosión, la aparición de cerámicos de ingeniería, materiales compuestos, etc.

En la figura 3.5 se muestra la forma en que se interrelacionan los diversos factores que intervienen en la selección del material.

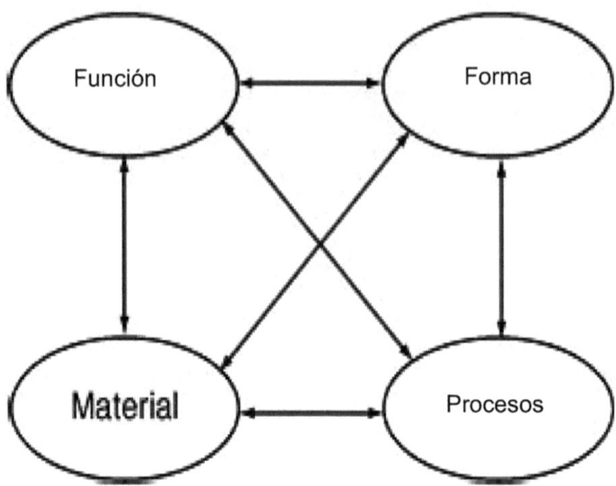

Figura 3.5. Relaciones entre factores para la selección de materiales

b) CRITERIOS DE SELECCIÓN DE MATERIALES.

Para cada mecanismo de falla hay solo unos poco criterios importantes para la selección óptima de un material; éstas son las características específicas del material que permitan cuantificar su resistencia a la falla por un mecanismo dado. Otras veces pueden ser necesarias estas características del material, y, también otros factores tales como costo, fabricabilidad, disponibilidad en el mercado, duración en servicio para cada aplicación específica, etc.

Las áreas más problemáticas de la selección de materiales son aquellas relacionadas con el comportamiento mecánico en el que las propiedades del material son afectadas por el efecto del tiempo en servicio. Algunas de las características que se requieren son:

- Resistencia al desgaste (dureza)
- Efecto de las altas temperaturas sobre las propiedades
- Resistencia a la corrosión, tensocorrosión, fatiga, corrosión – fatiga.
- Resistencia a la radiación.

La Tabla 3.1 proporciona una guía general de los criterios más significativos utilizados para seleccionar un material en relación a posibles mecanismo de falla, tipos de carga y temperaturas de operación.

TABLA 3.1. GUIA DE CRITERIOS USADOS PARA LA SELECCIÓN DE MATERIALES

MECANISMO DE FALLA	TIPO DE CARGA			TIPO DE TENSION			TEMP. DE OPERACION			CRITERIO GENERAL USADO PARA LA SELECCIÓN DEL MATERIAL
	ESTATICA	REPETIDA	IMPACTO	TRACCION	COMPRESION	CORTE	BAJA	AMBIENTE	ALTA	
Fractura Frágil	X	X	X	X			X	X	X	Temperatura de Transición; Ensayo Charpy; K_{IC}
Fractura Dúctil (Sólo para materiales dúctiles)	X			X		X		X	X	Resistencia a la Tracción; Tensión de fluencia en corte
Fatiga de Alto Número de ciclos		X		X		X	X	X	X	Resistencia a la Fatiga para la vida esperada
Fatiga de Bajo Número de ciclos		X		X		X	X	X	X	Ductilidad estática y el máximo ciclo de deformación plástica esperado en los concentradores de tensión durante la vida prescrita.
Corrosión – Fatiga		X		X		X		X	X	Resistencia a la Corrosión – Fatiga para el material.
Pandeo	X		X		X		X	X	X	Módulo Elástico; Tensión de fluencia en compresión
Fluencia generalizada	X			X	X	X	X	X	X	Tensión de fluencia
Creep (Termofluencia)	X			X	X	X			X	Velocidad de creep; resistencia a la ruptura por tensiones para la temperatura y vida indicados
Fragilización por hidrógeno	X			X				X	X	Estabilidad bajo acción combinada de tensión e hidrogeno
Tensocorrosión	X			X		X		X	X	Tensiones residuales o impuestas y resistencia a la corrosión; K_{IC}

3.2 IMPERFECCIONES EN EL MATERIAL

Muchas fallas tienen su origen en imperfecciones preexistentes en el material. Las imperfecciones internas o externas reducen la resistencia global del material, proporcionando caminos preferenciales para la propagación de las grietas, o, como en el caso de las entalladuras que, además de hacer de concentrador de tensiones, sirven de lugares preferentes para el ataque corrosivo por picado (pitting), o proveen de vías para el desarrollo de la corrosión intergranular. También pueden consistir en defectos de composición química. La Tabla 2.2 muestra estadísticas de fallas, extraídas del Metals Handbook.

TABLA 2.2 ESTADISTICAS DE FALLAS

FRECUENCIA DE CAUSAS DE FALLAS EN LABORATORIOS DE INVESTIGACIÓN

ORIGEN	FRECUENCIA %
Selección inadecuada de materiales	38
Defectos de Fabricación	15
Tratamiento Térmico defectuoso	15
Defectos en el Diseño	11
Condiciones de operación inesperadas	8
Control inadecuado del ambiente	6
Inspección y Control de calidad inadecuados o inexistentes	5
Cambio de materiales	2

FRECUENCIA DE FALLAS EN COMPONENTES DE AVIACIÓN
DATOS DE LABORATORIO

ORIGEN	FRECUENCIA %
Mantención inadecuada	44
Defectos de Fabricación	17
Defectos en el Diseño	16
Condiciones de operación anormales	10
Materiales defectuosos	7
Causas No determinadas	6

FRECUENCIA DE CAUSAS DE FALLAS EN LABORATORIOS DE INVESTIGACIÓN

ORIGEN	FRECUENCIA %
Corrosión	29
Fatiga	25
Fractura Frágil	16
Sobrecargas	11
Corrosión a altas temperaturas	7
Corrosión bajo Tensiones; Corrosión – Fatiga; Fragilización por H	6
Creep	3
Desgaste, Abrasión y Erosión	3

FRECUENCIA DE FALLAS EN COMPONENTES DE AVIACIÓN
DATOS DE LABORATORIO

ORIGEN	FRECUENCIA %
Fatiga	61
Sobrecargas	18

Corrosión Bajo Tensiones (CBT)	8
Desgaste	7
Corrosión	3
Oxidación a altas temperaturas	2
Ruptura por Tensiones	1

3.2.1 DEFECTOS DE COMPOSICIÓN QUÍMICA

En la investigación de una falla, es conveniente un análisis químico de rutina para verificar que el material corresponde al que se ha especificado. Desviaciones pequeñas de la composición especificada, generalmente no son de mayor importancia en el análisis de fallas. De hecho, en la práctica, sólo una minoría de fallas en servicio se producen debido a materiales inadecuados o defectuosos, y estas fallas, rara vez, pueden revelarse mediante el análisis químico.

Cuando el análisis químico muestra que el contenido de un elemento particular es ligeramente mayor que el requerido en las especificaciones, no debe concluirse que tal desviación es responsable de la falla, ya que en muchos casos es muy dudoso determinar si la desviación ha contribuido a la ocurrencia de la falla. Por ejemplo, el azufre y el fósforo está limitado a 0,04 % en los aceros estructurales, en muchas especificaciones, sin embargo, raramente puede atribuirse la responsabilidad de una falla en servicio a un contenido de azufre levemente superior a 0,04 %.

Dentro de ciertos límites, la distribución de los constituyentes microestructurales en un material es de mayor importancia que sus proporciones exactas.

3.2.2. DEFECTOS DE SOLIDIFICACION EN LINGOTES Y FUNDICIONES

La práctica inadecuada de la fundición puede dar origen a una gran variedad de defectos en los productos colados (lingotes y fundiciones), que son perjudiciales en servicio y pueden contribuir a una falla, sin embargo, la mayoría de las causas comunes de falla de los hierros y aceros fundidos no son atribuibles a los procesos de fundición. Dentro de ellos cabe destacar:

- Diseño inadecuado
- Selección de una aleación no conveniente para la aplicación específica
- Defectos de maquinado
- Defectos de soldadura
- Montaje inadecuado
- Operación fuera de parámetros
- Factores ambientales de servicio

Debido a la gran cantidad de tipos de defectos que pueden encontrarse en las fundiciones y aceros fundidos, un Comité Internacional de Fundidores los ha agrupado en siete grandes categorías.

1) Proyecciones metálicas
2) Cavidades
3) Discontinuidades

4) Defectos
5) Llenado incompleto (Fusión incompleta)
6) Dimensiones incorrectas
7) Anomalías estructurales o inclusiones no metálicas

En las figuras 3.6 y siguientes se muestran algunos de estos defectos y en los párrafos que siguen a continuación se dan las definiciones de algunas imperfecciones y discontinuidades que pueden presentarse en hierros y aceros fundidos y que pueden constituir la base para su rechazo durante las operaciones de inspección y control de calidad.

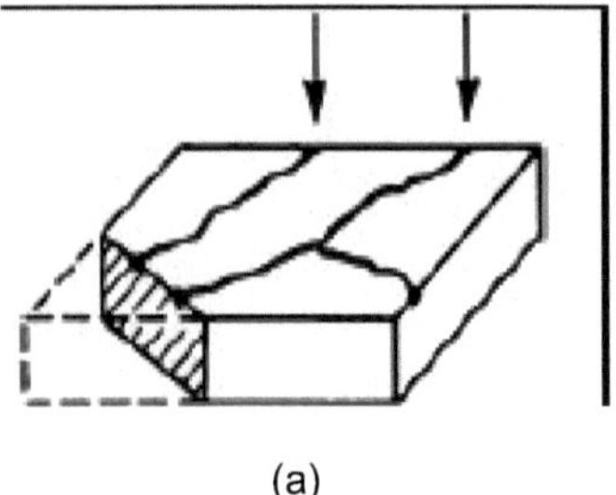

(a)

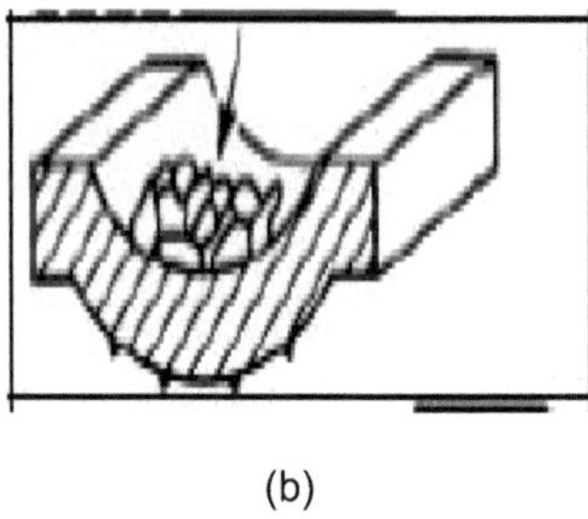

(b)

Figura 3.6. a) Proyección en forma de venas; b) Red de proyecciones

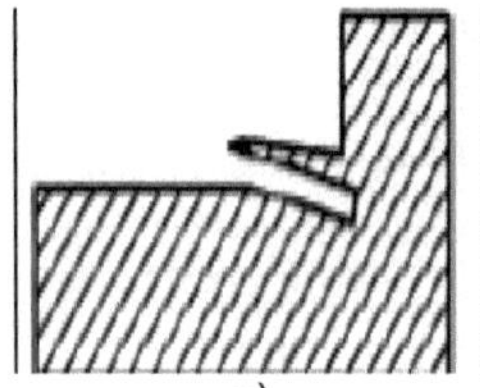

a)

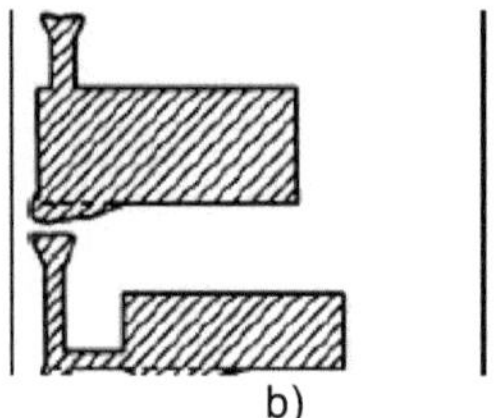

b)

Figura 3.7. a) Proyección metálica paralela a una superficie de la fundición; b) Exceso de metal en el orificio de entrada.

- BUCLE: Es una indentación en una pieza fundida en arena, causada por la expansión de la arena. Generalmente afecta la apariencia, pero no tienen gran incidencia en la vida en servicio (Figura 3.8a).

- RECHUPE: Este defecto consiste en grandes cavidades producidas debido a la disminución de volumen en el cambio de fase líquido – sólido. Siempre se producen al final del proceso de solidificación; pueden quedar abiertas a la superficie, aún cuando lo más frecuente es que queden cubiertas de escoria (Figura 3.8b). Deben ser evitados, en el caso de los productos fundidos y/o eliminados, en el caso de lingotes.

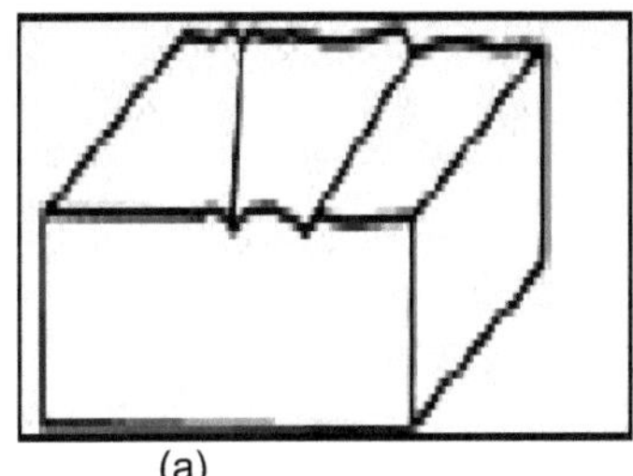
(a)

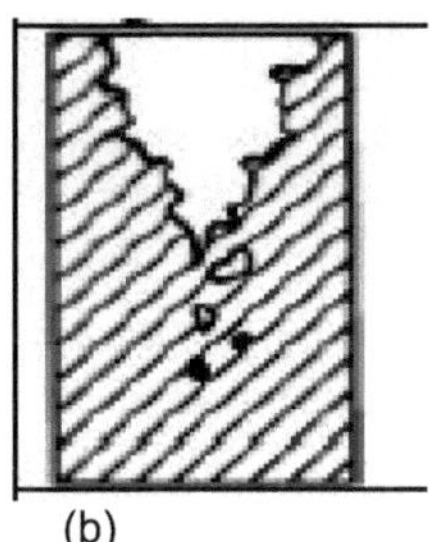
(b)

FIGURA 3.8. a) Bucle; b) Rechupe

- MUNICION FRIA: Es un pequeño glóbulo de metal que ha solidificado prematuramente y que está embebido en la superficie de la fundición, pero no enteramente fundido con ella. Como los bucles, afectan la apariencia sin producir efectos notorios para la vida en servicio. Bajo ciertas condiciones, sin embargo, la interfase entre imperfección y la fundición puede servir como una celda de corrosión que conduzca al picado y a la iniciación de grietas por fatiga.

- COSTURA FRIA: Es una discontinuidad en la superficie de la fundición o inmediatamente por debajo de ella, causada por la unión de corrientes de metal líquido que no han alcanzado a unirse. Pueden servir como lugares de concentración de tensiones y contribuir a la iniciación de grietas por fatiga.

- POROSIDAD POR GASES: Este defecto consiste en cavidades causadas por gases atrapados, tal como aire o vapor, o por la expulsión de gases disueltos, durante la solidificación. La formación de cavidades se ve afectada por varios factores, tales como procedimientos de la fundición, procedimientos del vaciado y tipo de molde usado.

- GRIETAS CALIENTES: Son grietas o fracturas producidas por tensiones internas que se desarrollan después de la solidificación y durante el enfriamiento desde temperaturas elevadas (por encima de 650 °C en la fundición gris). En algunos casos se producen en la superficie externa, tal como en filetes, nervios, bridas y otros, cuando la contracción total de la pieza está restringida por el molde.

Los aceros fundidos deben ser reparados por soldadura o ser rechazados, dependiendo del tamaño y ubicación de la discontinuidad y de la soldabilidad de la aleación.

- GOTAS CALIENTES: Es una grieta o fractura que se forma antes de que se complete la solidificación, debido a las restricciones impuestas a las contracciones. Una gota caliente, generalmente, es abierta a la superficie de la fundición y, por consiguiente, expuesta a la atmósfera. Esto puede originar oxidación, descarburización u otras reacciones metal – atmósfera. Estos defectos normalmente se descubren durante la inspección. Si no es así y las piezas se ponen en servicio, ellas pueden propagarse originarse grietas mayores.

- INCLUSIONES: Las inclusiones son materiales no metálicos insertos en una matriz metálica en estado sólido. En las fundiciones, las inclusiones comunes incluyen partículas de refractarios, escorias, productos de la desoxidación y óxidos del metal base de la fundición. También pueden incluir carburos, nitruros o carbonitruros formados con el metal base o con algunos elementos de aleación.

- GRIETAS MECANICAS FRIAS: Estos defectos se generan por manipulación poco cuidadosa en la extracción de la pieza, o por choque térmico durante los tratamientos térmicos. Estas grietas, por lo general, sólo es posible detectarlas con la ayuda de ensayos no destructivos.

- PENETRACION DE METAL: Es una imperfección en la superficie de la pieza fundida, causada por la penetración de metal fundido dentro de las cavidades de las partículas refractarias del molde. Generalmente, esto es el resultado de realizar el vaciado a temperaturas excesivas o por el uso de refractarios con partículas muy grandes.

- FALTA DE FUSION: Este defecto consiste en una fundición que no se ha formado totalmente, debido a la solidificación del metal antes de que el molde se haya llenado. Como el caso de las municiones frías, generalmente no es causa de rechazo, a menos que la apariencia de la superficie sea de vital importancia.

- DEFECTOS DIMENSIONALES: Los defectos dimensionales se refieren a errores de tamaño o de forma, debido a errores de dimensiones del modelo, incorrecto diseño del modelo y del equipo de moldeo, pérdida de posición de los núcleos durante el vaciado, o desalineamiento entre las mitades de los moldes (Figura 3.9a).

- COLA DE RATA: Se produce en las piezas fundidas en arena, y consiste en un bucle pequeño que se forma como una línea muy pequeña e irregular sobre la superficie(Figura 3.9b).

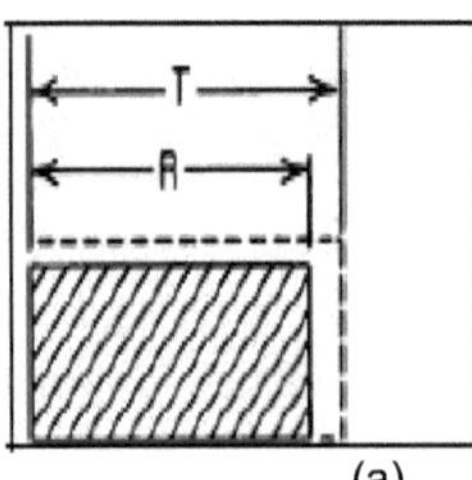

(a)

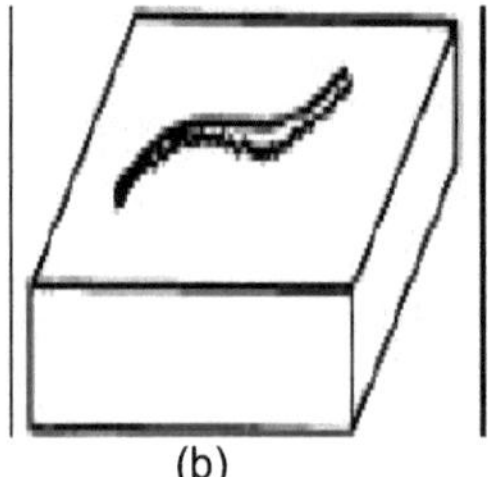

(b)

Figura 3.9. a) Defectos dimensionales; b) Cola de rata

- CAVIDADES DE ARENA: Es un agujero en la superficie de las piezas fundidas en molde de arena debido a la formación de depósitos de arena suelta en la superficie del molde.

- COSTRAS: Es una imperfección que consiste en un volumen plano de metal unido a la fundición por medio de una pequeña área. Generalmente las costras se localizan en una depresión en la pieza fundida y se encuentran separadas del metal de la fundición misma por una delgada capa de arena.

➢ COSTURAS: Consisten en pliegues o traslapes que no han fundido totalmente, en las superficies de la pieza fundida. Generalmente aparecen como grietas.

➢ POROSIDAD POR CONTRACCIONES: Este tipo de defectos consiste en cavidades que se forman por las contracciones que se producen durante la solidificación. El crecimiento de las dendritas durante el proceso de solidificación puede aislar algunas regiones, impidiendo el suministro de metal líquido.

➢ GRIETAS POR TENSIONES: Este tipo de grietas se produce como resultado de elevadas tensiones residuales, después que la pieza ha sido enfriada por debajo de 650 °C. Las grietas por tensiones pueden formarse a temperatura ambiente, varios días después de haber completado el proceso de solidificación.

➢ SEGREGACION: La segregación es la desviación composicional de zonas localizadas respecto a la composición química promedio, lo cual ocurre con bastante frecuencia ya que, en la práctica, la composición química de un material varía de un punto a otro, y rara vez los elementos se presentan distribuidos uniformemente. Si no ha existido tiempo adecuado, durante el proceso de formación de una aleación, la falta de difusión puede agregar un aspecto adicional de segregación, llamado microsegregación.

➢ DEFECTOS MICROESTRUCTURALES: Algunos aspectos de la microestructura pueden ser detrimentales para el rendimiento en servicio de las fundiciones de hierro y acero. Estos pueden ser los siguientes:

- ♦ Fragilización intergranular de la red.
- ♦ Láminas de grafito, de forma, tamaño o distribución desfavorable (en las fundiciones grises).
- ♦ Gradientes en las estructuras superficiales, tales como carburización o descarburización.
- ♦ Microestructuras insatisfactorias como resultado de una selección inadecuada del material, composición incorrecta para el tamaño de la pieza o tratamiento térmico incorrecto.

3.2.3. COMPONENTES CONFORMADOS

Las operaciones de conformado se clasifican en operaciones primarias, donde se obtienen formas tales como barras, planchas, tubos, alambres u otras, a partir de un lingote u otra forma fundida, y operaciones secundarias, donde los productos primarios se transforman en productos finales mediante forja en caliente, forja en frío, estirado, extrusión, etc. Estas operaciones secundarias tienen dos propósitos. Primero, producir la pieza diseñada con la configuración deseada y, en segundo lugar, desarrollar una forma final sin defectos internos y con propiedades mecánicas mejoradas mediante:

- Calidad interna mejorada debido a las deformaciones de compresión

- Refinamiento de grano
- Estructura uniforme de grano
- Eliminación de porosidad y ruptura de las redes de macrosegregación
- Patrones de flujo de grano que son beneficiosos para mejorar el desempeño de la pieza
- Tenacidad y/o resistencia a la fatiga mejorada debido al flujo de grano
- Mejor calidad superficial

Sin embargo, los factores beneficiosos de los procesos de deformación pueden transformarse en problemas potenciales si los procesos no se comprenden rigurosamente. Los problemas potenciales de los procesos de deformación incluyen:

- Problemas relacionados con fractura: por ejemplo, grietas en las superficies, grietas en las superficies en contacto con la matriz, rupturas internas, etc.
- Problemas relacionados con el flujo del metal

Los defectos más usuales en las piezas forjadas son los siguientes:

- Grietas
- Líneas de flujo plástico
- Pliegues
- Cavidades por contracción
- Anisotropía

3.2.3.1. CONFORMADO EN FRIO

En general, las piezas conformadas en frío son susceptibles a las mismas causas de falla en servicio que los productos metálicos de la misma composición química, manufacturados por cualquier otro proceso, con excepción de los productos fundidos. Sin embargo, hay algunas características únicas de las piezas conformadas en frío que pueden influenciar su susceptibilidad a la falla.

- El conformado en frío de cualquier componente metálico deforma los granos; la cantidad de deformación depende de la severidad del conformado. Los procesos de conformado en frío tales como embutido profundo, estirado, extrusión y expansión, reducción y doblado, producen altas tensiones residuales, que producen condiciones que hacen que los componentes sean más vulnerables a la falla, por mecanismos tales como fatiga y corrosión. Estas operaciones también pueden alterar local o globalmente las propiedades mecánicas, producir micro o macrogrietas y originar disminución localizada de la ductilidad.

- Los efectos superficiales y cambios metalúrgicos causados por estos procesos tienen influencia sobre la resistencia a la fatiga, resistencia a la fractura frágil y resistencia a la corrosión. También suelen introducirse efectos anisotrópicos, zonas de materiales disímiles y cambios de orientación de las tensiones residuales, las cuales pueden afectar la susceptibilidad a la falla en servicio de los productos terminados.

♦ Radios muy agudos o la falta de radios de acuerdo generosos, generalmente producen fallas prematuras.

♦ Otra característica que generalmente es exclusiva de componentes conformados en frío, son ciertos tipos de marcas de herramientas, específicamente, indentaciones en el lado interno de los radios de curvatura, y rayaduras en las superficies externas, como ocurre en el conformado en frío con matrices en V.

♦ El conocido efecto de piel de naranja, el cual se produce cuando algunos metales de grano muy grueso son deformados con cargas por encima de su tensión de fluencia, incrementa la vulnerabilidad a la corrosión y puede contribuir a iniciar grietas por fatiga si la pieza está sometida a tensiones repetidas.

♦ El adelgazamiento en las esquinas produce una concentración de las líneas de flujo de tensiones, lo cual puede ayudar a causar falla por uno o más mecanismos.

♦ Otra característica única de los componentes conformados en frío, es la presencia de áreas localizadas que pueden ser severamente endurecidas por trabajo, como las zonas que son adelgazadas por estirado o por compresión localizada. Tales áreas son vulnerables a agrietarse por tensiones.

♦ Otro defecto puede encontrarse en las chapas que son recubiertas para protegerlas de la corrosión. Esto puede causar dificultades debido a que las zonas donde hay poca deformación quedan con mayor espesor de recubrimiento que aquellas donde la deformación fue más severa, lo cual puede aumentar la susceptibilidad a la corrosión.

♦ Los procesos de corte, punzonado y perforado también producen tensiones residuales. En muchos casos, también originan asperezas y aristas que constituyen concentradores de tensiones.

3.2.3.2 CONFORMADO EN CALIENTE

Cuando un metal es deformado en caliente ($T > 0,5T_F$ °K), los granos deformados comienzan a recristalizar inmediatamente, es decir, se forman nuevos granos, libres de deformación. El calentamiento del metal lo vuelve más plástico, reduce su resistencia y facilita su deformación. Sin embargo, a temperaturas excesivamente altas, se produce crecimiento de grano, fusión incipiente, transformaciones de fase y variaciones composicionales localizadas. En general, se pueden producir todos los problemas asociadas a las altas temperaturas, descritos en párrafos anteriores.

La figura 3.10 muestra un defecto de laminación en caliente en un acero SAE 1022, que consiste en la formación de bandas de perlita (zonas oscuras) y ferrita, originadas por la microsegregación del carbono durante la solidificación. La figura 3.11 muestra problemas con el flujo.

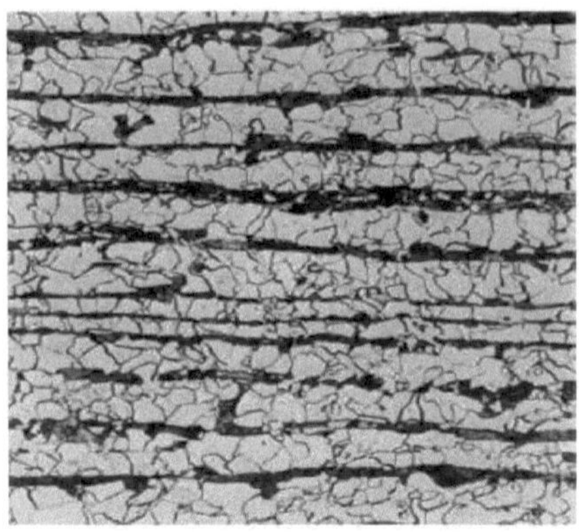

Figura 3.10

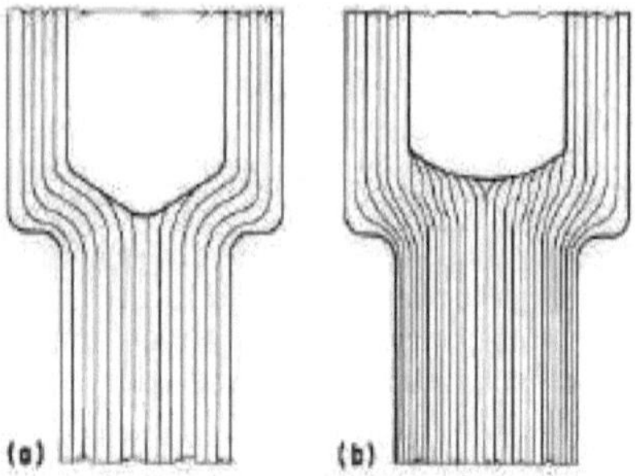

(a) Desirable flow pattern. (b) Undesirable flow pattern

(a) (b)

Figura 3.11

3.2.4. MAQUINADO Y PULIDO.

Las piezas terminadas mediante procesos de maquinado, generalmente tienen marcas producidas durante las operaciones de maquinado. La ubicación y severidad de estas marcas son importantes para determinar la forma en que pueden afectar la ocurrencia de una fractura. Las operaciones de maquinado, esmerilado y pulido también suelen producir tensiones residuales y concentradores de tensiones. El pulido muy severo es una posible fuente de sobrecalentamientos y, por consiguiente, de ablandamientos localizados; también puede producir agrietamientos en aceros endurecidos.

Otro tipo de concentrador de tensiones que puede producirse durante las operaciones de maquinado es debido a la inserción de astillas de la herramienta en la superficie de la pieza de trabajo. En un caso real, durante la inspección no destructiva, mediante radiografía, de un componente de acero inoxidable, se detectó una inclusión de alta densidad, la cual fue identificada mediante microscopía electrónica de barrido (SEM) y espectroscopía, como una astilla (viruta) de carburo de tungsteno de la herramienta de corte. Si la pieza no hubiese sido inspeccionada rigurosamente, la inclusión embebida en la superficie pudo haber causado la rotura de ella.

Muchas piezas de acero se diseñan para que tengan superficies lisas y duras, como una forma de mejorar la resistencia al desgaste en servicio. Tal es el caso de muñones de ejes, pasadores de pistones, superficies de rodamientos y de bujes, endurecidas por tratamiento térmico y rectificadas hasta tolerancias extremadamente estrechas. En este caso, pueden originarse grietas similares a las de temple debido al calor por fricción altamente localizado, durante la operación de rectificado.

3.2.5. MARCAS DE IDENTIFICACION.

Cuando las marcas de identificación, o de fábrica, se realizan mediante indentación por impacto o por electroataque, pueden constituir una potencial fuente de falla si se realizan en alguna zona fuertemente tensionada de un componente. Las descargas eléctricas durante el maquinado, producen fusión localizada y zonas afectadas por calor; éstas pueden originar agrietamiento en servicio si no se controlan adecuadamente, especialmente en áreas tensionadas de aceros con durezas entre 50 y 55 HRc.

3.2.6. TRATAMIENTOS TERMICOS INADECUADOS.

Las operaciones asociadas con cambios de temperatura, generalmente son una fuente generadora de fallas en servicio. Tal es el caso de los procesos de conformado, endurecimiento superficial y tratamientos térmicos tales como recocido, temple y revenido. A menos que se tomen las precauciones adecuadas, el endurecimiento superficial puede comprometer la tenacidad ganada mediante una adecuada selección del material. Por ejemplo, una entalla muy aguda en un componente de acero que requiere buena tenacidad, no debe ser cementada o nitrurada. Si se requiere endurecer superficialmente el componente, el área de la entalladura debe protegerse para evitar la penetración del carbono, o remover la superficie endurecida.

Este tipo de deficiencias puede presentarse de varias formas, tales como sobrecalentamiento, bajas temperaturas, excesivos gradientes térmicos y uso de temples, revenidos, recocidos y envejecimientos, en condiciones inadecuadas para una aleación o componente específico.

Cuando los tratamientos térmicos de aceros de medio y alto carbono se realizan sin una protección adecuada, se produce descarburización que puede dar origen a fallas por:

- Fatiga, debido a la reducción del límite de duración en la superficie.
- Distorsión de componentes pequeños, debido a la reducción de la resistencia promedio de la sección transversal.
- Desgaste, debido a la disminución de la dureza superficial, por pérdida de carbono.

La descarburización es especialmente perjudicial para la vida en servicio de resortes y ejes pequeños, en los cuales las tensiones en la superficie suelen ser bastante altas. También se ven perjudicados los dientes de los engranajes que usan aceros cementados.

Un excesivo tiempo de revenido, o una temperatura demasiado alta, puede dar origen a durezas finales inferiores a las deseadas. Por el contrario, si las temperaturas son demasiado bajas, o bien el tiempo es muy reducido, la dureza puede ser muy alta, con la consiguiente pérdida de ductilidad asociada. En definitiva, los tratamientos térmicos deben diseñarse cuidadosamente de acuerdo a la aleación elegida y a las propiedades mecánicas deseadas, especialmente dureza y resistencia a la fluencia y a la tracción, y, especificarse claramente en los planos de construcción.

a. AGRIETAMIENTO POR TEMPLE DEL ACERO

Las grietas por temple en el acero se originan por las tensiones producidas durante la transformación de la austenita a martensita, lo que va acompañado de un aumento de volumen.

Cuando se templa un componente de un acero aleado de alta templabilidad, la martensita se forma primero en la superficie externa, donde se alcanza primero la temperatura M_S. Según avanza el enfriamiento y el material cerca del centro de la sección alcanza la temperatura M_S, la expansión que acompaña la nueva transformación austenita/martensita, se encuentra restringida por las capas externas de martensita formada previamente. Esto da origen a tensiones internas que traccionan la superficie. El agrietamiento se produce cuando se ha formado suficiente martensita, de manera que las tensiones internas exceden la resistencia a la tracción de la martensita exterior.

Los medios de enfriamiento muy severos favorecen la profundidad de endurecimiento. La selección de un adecuado medio de temple, en muchos casos, es un factor importante para eliminar las grietas de temple. Los medios de temple usados con mayor frecuencia y ordenados de mayor a menor severidad de temple son los siguientes:

- ✓ Soluciones cáusticas
- ✓ Salmuera
- ✓ Agua
- ✓ Aceite
- ✓ Aire

b. TENSIONES RESIDUALES

Los tratamientos térmicos generalmente producen importantes tensiones residuales. Si el tratamiento térmico se realiza en forma adecuada, estas tensiones residuales generalmente son favorables, sin embargo, hay varios factores, tales como el tipo de material, profundidad de la capa endurecida y velocidad de enfriamiento, que influyen sobre la naturaleza de las tensiones residuales.

Cuando se procesan componentes que han sido cementados, con alta dureza en el núcleo o con excesiva profundidad de la capa cementada, o ambas, se inducen altas tensiones residuales de tracción en la superficie, que pueden resultar particularmente dañinas.

Las tensiones residuales pueden ser de gran ayuda si el patrón de tensiones es favorable. En general, las tensiones residuales son beneficiosas cuando ellas son paralelas a la dirección de la carga aplicada y de sentido opuesto, es decir, una tensión residual de compresión y una carga aplicada de tracción, o una tensión residual de tracción y una carga aplicada de compresión.

c. FRAGILIZACION

Existen varias formas de fragilización de componentes de acero que pueden conducir a una fractura frágil. Algunas de estas formas están relacionadas con las condiciones ambientales, tales como la fragilización por hidrógeno, fragilización por metal líquido, agrietamiento por corrosión bajo tensiones y fragilización por radiación de neutrones.

- ➢ FRAGILIDAD AZUL

Cuando los aceros al carbono y algunos aceros aleados se calientan entre 230 y 370 °C, se produce un aumento de la resistencia y una notoria disminución de la ductilidad y de la tenacidad. Este fenómeno de fragilización se conoce como "fragilidad azul" debido a que ocurre en el rango de calor en que el acero toma el color azul. La fragilidad azul es una forma acelerada de fragilización por envejecimiento por deformación.

➢ FRAGILIZACION POR REVENIDO

La fragilización por revenido se produce en algunos aceros aleados y es causada por algunos de los dos factores siguientes:

⇒ Revenido dentro de un rango de temperaturas críticas, generalmente entre 350 y 575 °C.

⇒ Enfriamiento lento después de revenir a altas temperaturas.

➢ FRAGILIZACION POR FASE SIGMA (fase σ).

La formación de una fase σ en aceros inoxidables ferríticos y austeníticos, cuando son expuestos a largos períodos de tiempo en el rango de temperaturas de 560 a 980 °C, produce una importante fragilización después del calentamiento a temperatura ambiente. La fase σ puede formarse por dos procesos:

- Baja velocidad de enfriamiento desde el rango de temperaturas de 1090 a 1150 °C.
- Enfriamiento en agua desde el rango de temperaturas de 1090 a 1150 °C, seguido por un calentamiento entre 560 a 980 °C, con el calentamiento a 850 °C como el mayor efecto. La fragilización es más detrimental después que el acero ha sido enfriado a temperaturas inferiores a 260 °C.

La fase σ es un compuesto de hierro y cromo, con igual proporción de hierro y cromo, aproximadamente. Este compuesto es extremadamente duro y frágil (alrededor de 68,5 HRC). Esta fase puede existir en aleaciones puras de hierro y cromo, con contenidos de cromo entre 25 a 76 %. Muy pequeñas cantidades de silicio incrementan fuertemente la velocidad de formación de fase σ y extienden el rango de formación hacia menores niveles de cromo. En consecuencia, esta fase puede formarse en aleaciones de hierro – cromo – silicio, con muy bajos niveles de cromo.

➢ GRAFITIZACION

La grafitización de aceros al carbono y al carbono – molibdeno durante el servicio a temperaturas elevadas, por encima de 425 °C, ha causado numerosas fallas en plantas de vapor y refinerías. La formación de grafito se produce generalmente en una estrecha región en la zona afectada térmicamente por los procesos de soldadura, donde el metal ha sido calentado brevemente por encima de la temperatura eutectoide. La tendencia a la grafitización de este tipo de aceros se incrementa cuando los contenidos de aluminio exceden del 0,025 %. Los aceros al carbono muestran mayor resistencia a la grafitización que los aceros aleados. Los aceros desoxidados con silicio también pueden ser susceptibles a la grafitización. La desoxidación con titanio, generalmente produce una buena resistencia a la grafitización.

El grado de fragilización depende de la distribución, tamaño y forma del grafito. La severidad de la fragilización frecuentemente es evaluada mediante un ensayo de flexión. Si se detecta la grafitización en sus primeras etapas, el material puede ser recuperado mediante un normalizado y un revenido justo por debajo de la temperatura eutectoide (727 °C). Los aceros que han sufrido grafitización más severa no pueden salvados de esta forma; la región defectuosa debe ser eliminada y reemplazada. Los aceros usados para estas aplicaciones pueden hacerse menos susceptibles a la grafitización mediante un revenido justo por debajo de la temperatura eutectoide.

- FRAGILIZACION DE ACEROS GALVANIZADOS

La fragilización de aceros galvanizados se produce debido a la exposición prolongada a temperaturas elevadas, cercanas al punto de fusión del zinc del recubrimiento. En este tipo de fragilización el zinc difunde desde el recubrimiento hasta los límites de grano del acero, dando origen de una red intergranular de un compuesto intermetálico muy frágil de hierro y zinc. La presencia de este compuesto puede producir una fractura frágil.

d. SOBRECALENTAMIENTO

Cuando una aleación se calienta por encima de su temperatura de recristalización, se produce un crecimiento del tamaño de grano, el cual crece más rápidamente según se incrementa la temperatura, lo cual, generalmente, va acompañado de varias características indeseables.

El deterioro que usualmente acompaña a los granos grandes no sólo se debe al tamaño del grano, sino también a la mayor continuidad de las películas de impurezas y de gases que se forman preferentemente en los límites de granos grandes. Por otro lado, los granos pequeños presentan una gran cantidad de área total de límites de grano sobre la cual pueden distribuirse las impurezas.

El efecto detrimental del sobrecalentamiento depende de la temperatura, del tiempo de exposición y del tipo de aleación. Por ejemplo, se requiere una corta exposición de un acero para herramientas, a temperaturas cercanas a 1250 °C para disolver los carburos, pero un tiempo prolongado a esas temperaturas originará un crecimiento de grano y una disminución de sus propiedades mecánicas. El daño causado por sobrecalentamiento es especialmente importante en los aceros de medio y alto carbono, en los cuales se ve deteriorada la resistencia y la ductilidad.

Una de las mejores indicaciones de que se ha producido sobrecalentamiento es la generación de una superficie de fractura de grano grueso. Generalmente, el examen al microscopio muestra la superficie característica de una fractura intergranular. Microscópicamente, los granos de gran tamaño producidos por sobrecalentamiento son bastante evidentes y pueden medirse y compararse con un metal similar con un grano de tamaño normal. Además de los granos de gran tamaño, frecuentemente se encuentran finas partículas de óxido dispersas en todos los granos, especialmente cerca de la superficie. Estos óxidos se originan por la oxidación interna y son especialmente evidentes en componentes forjados de cobre y de bronce que han sido sobrecalentados.

En los aceros que han sido sobrecalentados, frecuentemente se encuentra asociada con los granos gruesos, una estructura de tipo Widmanstatten, la cual requiere de dos condiciones para su formación:

- Una velocidad de enfriamiento controlada, ni extremadamente rápida ni extremadamente lenta.
- Un grano de tamaño grande.

e. QUEMADO

El término quemado se aplica cuando un metal ha sido groseramente sobrecalentado, produciéndose daño permanente e irreversible al metal, ya sea como resultado de la penetración intergranular de gases oxidantes, o por fusión incipiente.

En los aceros, el quemado puede manifestarse por la formación de granos extremadamente grandes y fusión incipiente en los límites de grano. La fusión es especialmente evidente donde ha ocurrido segregación, con notable rechazo de las fases de bajo punto de fusión, en las regiones interdendríticas y en los límites de grano. El quemado no puede detectarse por simple inspección visual, sin embargo, un examen metalográfico de la estructura muestra los granos de gran tamaño y las redes muy pronunciadas en los límites de grano.

La causa más obvia del quemado es el uso de hornos con temperaturas demasiado altas. Ocasionalmente puede producirse quemado en hornos controlados adecuadamente, cuando se permite que la llama actúe sobre la superficie del metal, causando sobrecalentamiento localizado. Otra fuente de sobrecalentamiento, aunque menos común, puede ser la conversión de energía mecánica en calor. Si hay áreas segregadas cercanas al centro del tocho o lingote, y si la temperatura inicial de forja está muy cerca del punto de fusión de las regiones segregadas, el calor adicional suministrado por la transformación de trabajo en calor, puede causar quemado localizado durante la operación de forja.

El material quemado no puede ser salvado y debe ser desechado, debido a que los cambios metalúrgicos que se producen son irreversibles.

f. CARBURIZACION Y DESCARBURIZACION

Aún cuando el tratamiento superficial de carburización o cementación es utilizado comúnmente para mejorar la resistencia al desgaste y, sobre todo, la resistencia, de muchos componentes de acero, especialmente ejes, la alteración accidental de la estructura superficial durante el tratamiento térmico puede producir resultados desastrosos.

Cuando se calienta un metal en cuya superficie hay aceite o carbón, o se calienta en una atmósfera rica en carbono, se produce una superficie con alto contenido de carbono, generalmente entre 1 y 1,3 % de carbono. Las propiedades mecánicas de la capa superficial cementada son diferentes de las que tiene el núcleo y pueden surgir problemas de agrietamiento si la superficie cementada no fue considerada en el diseño original. Por ejemplo, los componentes sometidos a impacto muy severo rara vez son cementados, debido a que las capas superficiales endurecidas generalmente poseen muy baja tenacidad.

Las fallas por fatiga pueden iniciarse en microgrietas de la zona cementada o por tensiones en la interfase núcleo – capa endurecida, y propagarse posteriormente durante la aplicación de cargas cíclicas.

La descarburización se produce debido al calentamiento en atmósferas oxidantes; el resultado es una capa superficial con contenidos de carbono menores que en el núcleo. Tanto la carburización como la descarburización pueden ser la causa de problemas en servicio que, especialmente en el caso de la descarburización pueden llegar a constituir problemas importantes, cuando los mecanismos de falla están asociados al desgaste. Cuando se cementan aceros de medio carbono, deben protegerse para evitar la descarburización.

3.2.7. ELECTRODEPOSITACION Y SUSTANCIAS ACIDAS

Es bastante conocida la capacidad que tienen las sustancias ácidas diluidas y los procesos de electrodepositación (recubrimientos electrolíticos), para producir cargas de hidrógeno y, por consiguiente, fallas debido a fragilización por hidrógeno, especialmente en aceros de alta resistencia.

El limpiado químico o electrolítico y el ataque químico, en los cuales se genera hidrógeno, producen efectos similares, especialmente cuando estos procesos van seguidos inmediatamente de depositación de recubrimientos metálicos que impiden el escape del hidrógeno absorbido, desde el metal base.

3.2.8. PROCESOS DE SOLDADURA

Una práctica bastante generalizada para la unión de dos metales, es el empleo de la soldadura, eléctrica u oxiacetilénica; y también, con bastante frecuencia, las uniones soldadas constituyen la causa fundamental de muchas fallas en servicio, las cuales, generalmente se producen de forma catastrófica. Los procesos de soldadura pueden ser iniciadores de fallas debido a una gran variedad de mecanismos, a menos que se tomen las precauciones adecuadas, para el proceso, elección del material de aporte, parámetros de operación del proceso (cantidad de corriente, polaridad, etc.) y tratamientos térmicos antes y después del proceso.

Las fallas de piezas soldadas, en general, pueden agruparse en dos clases:

- Las que son rechazadas durante la inspección y ensayos mecánicos
- Las que se descubren en servicio, debido a la incapacidad de la soldadura para continuar cumpliendo su función de diseño.

En los párrafos siguientes de describen algunos de los defectos de soldadura más habituales, producidos en el proceso mismo.

a. CEBADO DEL ARCO

Generalmente es un arco que se establece accidentalmente. Este tipo de desperfecto representa una zona localizada afectada por el calor, con un cambio en el contorno de la soldadura o del metal base, causado por un arco eléctrico.
Algunas veces puede quedar una pequeña mordedura, como consecuencia de un cebado de arco. En aceros de alto carbono (> 0,6%) y aleados, se tienden a producir endurecimientos locales que pueden alcanzar valores de dos veces la dureza del metal base. En aceros templables de gran resistencia mecánica, el cebado del arco puede producir grietas localizadas.
En la práctica, es muy raro que un cebado de arco haya sido la causa de roturas en servicio, no obstante, algunas roturas se han producido después de varios años de servicio.

b. ANILLOS DE RAIZ

Un anillo de raíz, es una tira metálica doblada, muy utilizada en la soldadura de tuberías. Aunque no es estrictamente un defecto, los anillos de raíz representan una discontinuidad semejante a una soldadura con demasiado sobreespesor.
En la práctica, se han usado anillos de raíz de aceros al carbono, aceros aleados y de aluminio, para soldaduras a tope de tuberías, sin que se produzcan fallas en servicio. Las pocas roturas se debieron generalmente a otros defectos de soldadura, tales como falta de penetración.

c. DESCOLGADURAS

Se trata de una fusión del metal de aporte, que forma el canal de raíz. Cuando se forman gotas reciben el nombre de uvas. Puede ocurrir que la fusión afecte al metal del anillo de raíz, produciendo también una cavidad. Las descolgaduras generalmente no son peligrosas, a menos que sean muy continuas.

d. GRIETAS

Las grietas representan roturas del metal sometido a tensiones. Aunque algunas veces son grandes, frecuentemente las grietas son ligeras separaciones, en el metal de aporte o en el metal base cercano. Existen varios tipos de grietas en soldaduras, agrupadas generalmente en la forma que se describe en los párrafos siguientes.

FIGURA 3.12: GRIETAS EN CORDONES DE SOLDADURA

- GRIETAS EN CALIENTE

Se produce este tipo de grietas a temperaturas elevadas, durante el enfriamiento, durante el proceso de solidificación del metal de aporte. Generalmente aparecen como fisuras intergranulares.

Los principales factores que causan las grietas en caliente son mecánicos o metalúrgicos. Los mecánicos, incluyen la forma y dimensiones del baño de soldadura, forma y espesor del metal base, y tipo de unión. Por regla general, la importancia de la grieta aumenta a medida que lo hacen las tensiones impuestas a la soldadura durante la solidificación. Los principales factores metalúrgicos los constituyen la presencia de segregaciones o fases líquidas a lo largo de los bordes de grano.

- GRIETAS EN FRIO

El agrietamiento en frío de los aceros, se refiere a grietas que aparecen a temperaturas por debajo de 200 °C, normalmente próximas a la temperatura ambiente. Algunas veces se retrasa su aparición, presentándose horas, e incluso días después de terminado el proceso de soldadura.

En general, el agrietamiento en frío se inicia en la zona afectada por el calor, a menos que el metal de aporte tenga una dureza mayor que el metal base. Mientras que algunas grietas quedan detenidas durante mucho tiempo y repentinamente se extienden en forma rápida, otras progresan con gran rapidez desde el principio.

En los aceros, el agrietamiento en frío está relacionado principalmente con la combinación de efectos del hidrógeno disuelto, contracciones y formación de martensita. Aumentando el contenido de carbono en el metal base y de manganeso en el material de aporte, también se producen grietas.

e. AGRIETAMIENTO EN EL METAL BASE

Los procesos de soldadura, también producen grietas en el metal base, preferentemente en la zona afectada por el calor. Dependiendo del metal que se suelda, puede presentarse agrietamiento en frío o en caliente. Algunas veces las grietas pueden iniciarse en el metal base y continuar en el cordón de soldadura, hasta atravesarlo. En los casos en que la grieta se inicia en la zona próxima al baño de fusión, las fisuras pueden producirse por una fusión a lo largo de los límites de grano.

f. FACTORES QUE REDUCEN LA TENDENCIA AL AGRIETAMIENTO

- Precalentamiento
- Postcalentamiento, inmediatamente después del soldeo
- Aumento de la energía del arco
- Soldadura discontinua

FACTORES QUE AUMENTAN LA TENDENCIA AL AGRIETAMIENTO

- Aumento del espesor

- Aumento de la contracción
- Aumento de la resistencia mecánica del metal base o del metal de aporte
- Aumento de la dureza del metal base o del metal de aporte
- Aumento de la longitud de los cordones de soldadura

g. CRATERES DE SOLDADURA

Un cráter representa una superficie de forma casi circular que se produce cuando se termina cada electrodo y se extiende en forma irregular en el metal de aporte. Su causa es la contracción durante la solidificación del metal fundido como resultado de una brusca interrupción del arco.

h. FALTA DE ACOPLAMIENTO EN LOS TOPES DE SOLDADURA

Conocido algunas veces como “Hi – Low”, la falta de acoplamiento o desalineamiento de los extremos de las planchas o tuberías, en la soldadura de raíz, este tipo de defecto suele ser considerado de menor importancia. Su causa puede radicar en que los extremos del depósito o tubería no son circulares, por diferencias en los diámetros interiores, por problemas de acoplamiento, por preparaciones inadecuadas de los bordes o por otras razones.

i. FALTA DE FUSION

Se trata de una fusión incompleta de alguna parte metálica de la unión soldada. Puede presentarse entre cordones o entre metal de aporte y metal base. La falta de fusión en la superficie interior o exterior ha sido siempre de fatales consecuencias. En cambio, la falta de fusión en el interior de la soldadura, no afecta tan notoriamente la resistencia de la unión, a menos que esta falta de fusión sea superior al 10% del espesor.

j. FALTA DE PENETRACION

La falta de penetración se refiere a la penetración incompleta de la soldadura en parte del espesor de la unión. Generalmente afecta a la primera pasada o bien a soldaduras hechas desde uno o ambos lados de la unión. En tubería soldada a tope desde un solo lado, la falta de penetración aparece bajo la soldadura de raíz, convirtiéndose en un defecto superficial, y que actúa como una entalladura.
Este tipo de defecto es uno de los más críticos, habiendo provocado roturas en servicio de soldaduras de recipientes a presión, estanques, tuberías, etc.

k. SOLAPE (TRASLAPE)

Por solape se entiende un exceso de metal de soldadura que se extiende excesivamente fuera de los límites del baño de fusión, sobre la superficie del metal base. Se presenta con mayor frecuencia en las soldaduras en ángulo y produce un aparente aumento del tamaño de la soldadura, lo cual puede conducir a cálculos erróneos del tamaño y resistencia de las soldaduras en ángulo.

l. OXIDACION

La oxidación es el resultado de una protección insuficiente de la atmósfera de soldadura y metal base adyacente. Esta oxidación afecta generalmente sólo a la cara inferior de uniones soldadas sin anillo de raíz, y puede oscilar entre una ligera decoloración y una fuerte oxidación en aceros inoxidables.

m. POROSIDAD

La porosidad es la presencia de bolsas de gases, generalmente de forma esférica, originada por gases que no alcanzaron a salir durante la solidificación del baño de soldadura. Cuando los poros son alargados se llaman "vermiculares"; las grandes bolsas de gas alargadas, se llaman "sopladuras" y pueden estar parcialmente llenas de escoria. La porosidad se produce fundamentalmente debido a la disminución de lasolubilidad de los gases en el metal líquido al disminuir la temperatura. En la figura 3.13 se muestra la solubilidad del hidrógeno en acero.

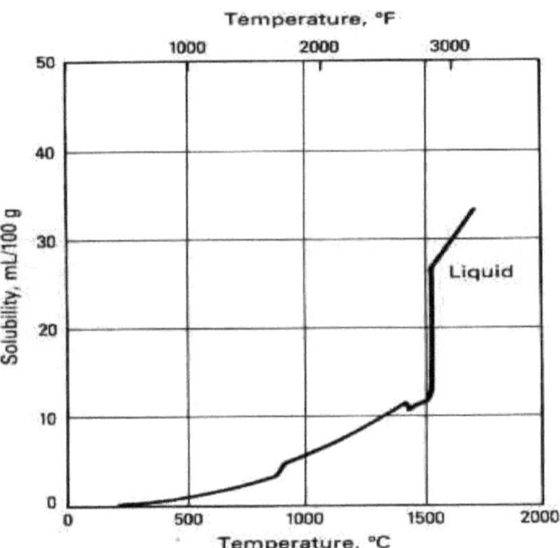

Figura 3.13. Solubilidad del hidrógeno en el acero

n. CONCAVIDAD

La concavidad se produce por el hundimiento por gravedad del metal fundido, o por la tensión superficial del chaflán de soldadura que introduce el metal fundido dentro del mismo. En la figura 3.14 se muestra el defecto de concavidad.

La aparición de este defecto se debe a varios factores, incluyendo preparación de la unión, variables de procedimientos de soldadura y materiales. Demasiado calor en la segunda pasada puede originar perforaciones en la primera pasada de raíz, especialmente cuando esta primera pasada tiene poco metal depositado.

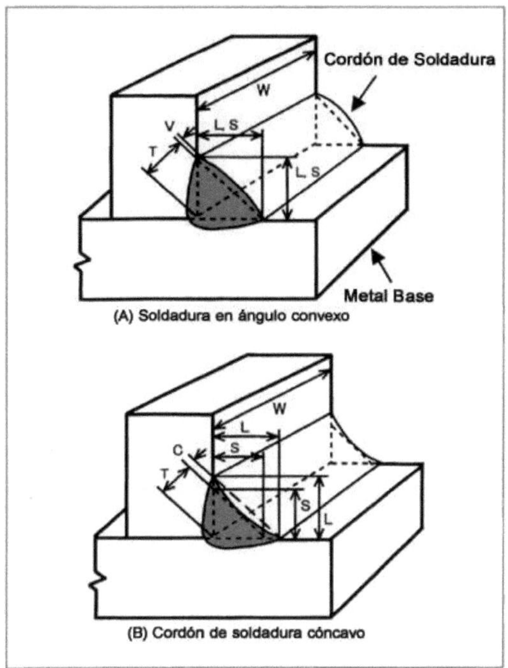

Fig. 3.14. a) Soldadura convexa; b) Soldadura cóncava (defectuosa)

o. INCLUSIONES DE ESCORIA

La escoria representa materiales sólidos no metálicos, atrapados en el cordón de soldadura o entre metal base y metal de aporte. Las escorias pueden aparecer como partículas aisladas, o como líneas interrumpidas o continuas. La escoria, normalmente proviene de los restos del recubrimiento del electrodo.

p. INCLUSIONES METALICAS

Son inclusiones de trozos de material en una unión, que se introducen en la unión antes de la soldadura o durante ésta, pudiendo ser trozos de electrodos, varillas u otros elementos metálicos que quedan sin fundir en el cordón de soldadura. Este tipo de defecto puede ser muy peligroso, especialmente en componentes en los que se requiere gran resistencia en la soldadura. Aquí se incluyen las inclusiones de tungsteno, que son partículas del electrodo de tungsteno utilizado en la soldadura TIG, que se depositan, sin fundir, en el cordón de soldadura.

q. MORDEDURA o SOCAVACION

Representa una cavidad o canal continuo en el metal base adyacente al baño de fusión. En servicios sometidos a fatiga térmica o mecánica, las mordeduras representan una condición de fuerte entalla que puede producir grietas y roturas. En aplicaciones críticas, los códigos y normas no permiten mordeduras, o las limitan a una profundidad de 0,5 mm. En la figura 3.15 se muestran dos tipos de socavación en una soldadura de filete.

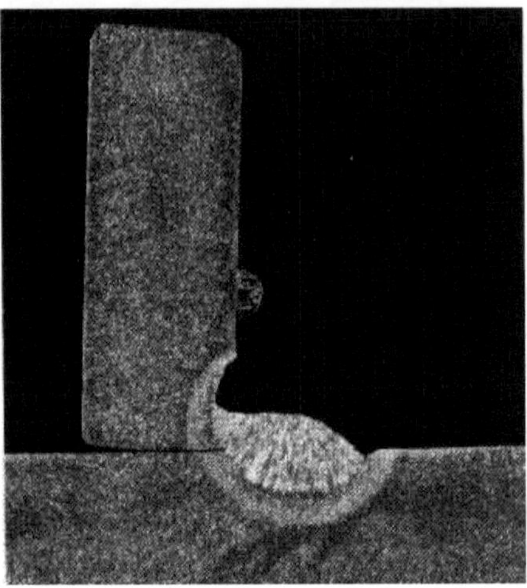

Figura 3.15 Soldadura de filete con dos socavaciones

r. ALINEACIONES DE ESCORIA

Son inclusiones de escoria en línea. Pueden presentarse normalmente en la raíz de soldadura de tuberías, entre un anillo de raíz que no está íntimamente acoplado y el borde de la soldadura. También se puede producir este defecto por contracción del metal base adyacente al borde de la soldadura, entre la pasada de raíz y el anillo de raíz.

También se presentan en el interior de la soldadura, especialmente entre la primera y la segunda pasada, donde la escoria se deposita en la hendidura entre cordón y chaflán, y no se puede limpiar bien.

s. SOBREESPESOR DEL CORDON

El sobreespesor representa un exceso de metal de aporte que sobresale en las caras superior e inferior del tope de soldadura. Mientras que en los depósitos a presión se quita el sobreespesor, es normal dejarlo en las uniones de tuberías. La forma y el aspecto del sobreespesor varía con los distintos procedimientos de soldadura y con el tipo de electrodo utilizado.

La forma incluye el alto y ancho del sobreespesor y el radio de curvatura del baño en su unión a la chapa o tubería. El ángulo del sobreespesor es el primer parámetro que afecta la resistencia a la fatiga. Se define como el ángulo formado por la superficie de la tubería o chapa y una tangente al sobreespesor, en el punto de unión a la tubería o chapa, como se muestra en la figura 3.16.

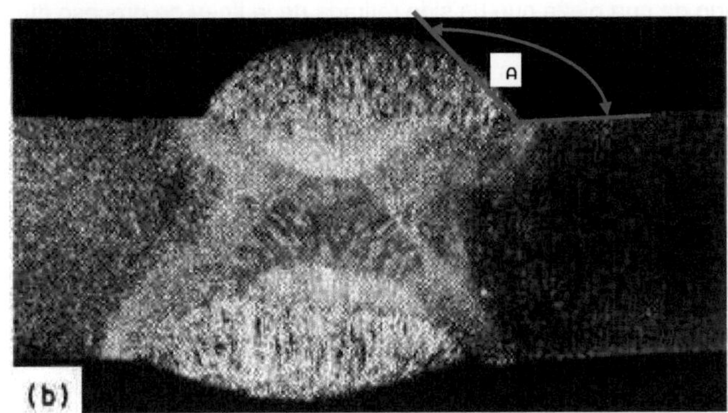

FIGURA 3.16. ANGULO DE SOBREESPESOR

t. PROYECCIONES DE SOLDADURA (SALPICADURAS)

Son partículas metálicas, que en forma de gota saltan del baño de fusión durante la soldadura, y se depositan sobre la superficie del metal base o del cordón; se conocen también como salpicaduras. Generalmente este tipo de defecto no origina problemas graves.

u. DESGARRE LAMINAR

El desgarre laminar es un caso especial de fractura dúctil que se produce bajo los cordones de soldadura y se presenta fundamentalmente en materiales laminados, como se muestra en la figura 3.17. La fisura yace siempre en el metal base, muchas veces fuera de la zona afectada térmicamente. Se ha comprobado que la presencia de inclusiones en el material base juega un papel preponderante en la ocurrencia del fenómeno.

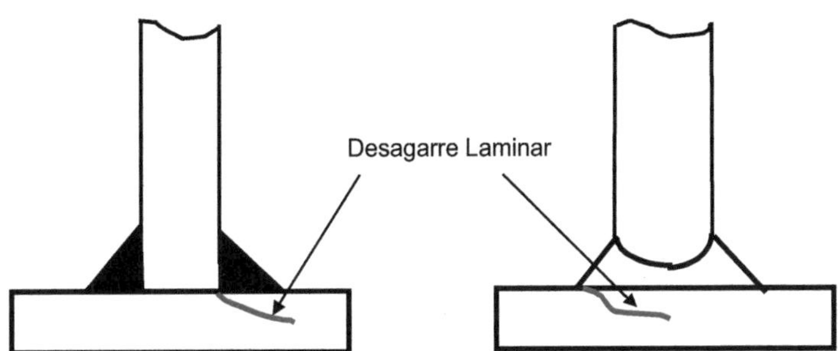

FIGURA 3.17. DESGARRE LAMINAR

3.2.9 OPERACIONES DE REPROCESADO

El reprocesado de una pieza que ha sido retirada de la línea de proceso durante alguna etapa de su fabricación, lleva a dicha pieza fuera de los canales normales de producción y puede, entonces conducir a errores y/o defectos en los procesos siguientes. Esto sugiere la conveniencia de llevar un adecuado registro y control de tales piezas.

En el caso de la recuperación de piezas de menor medida o gastadas, reconstruidas mediante procesos de soldadura, puede originarse agrietamiento y reducción del límite de fatiga, a menos que los procedimientos sean desarrollados cuidadosamente y estrechamente controlados. Esto es especialmente importante en piezas de gran tamaño y en ejes largos de aceros de alta resistencia. Otro aspecto importante que no se debe descuidar es el alivio de las tensiones residuales.

3.3 DEFECTOS DE MONTAJE

En muchos casos, las fallas en servicio provienen de errores de montaje que no fueron detectados en la inspección por el fabricante ni por el comprador, y que, aparentemente, no entorpecen la operación normal cuando los equipos son puestos inicialmente en servicio.

Esta clase de falla se asocia, preferentemente, con piezas en movimiento, en montajes mecánicos y/o eléctricos, aún cuando muchas fallas causadas por errores de montaje, también han ocurrido en componentes estructurales. Por ejemplo, pequeños errores en la localización de los agujeros para remaches, han originado fallas por fatiga en miembros estructurales de alas de aviones.

Las deficiencias de este tipo, la mayoría de las veces provienen de especificaciones de montaje inexistentes, imprecisas o incompletas, pero también suelen producirse por errores o descuido de los operarios.

3.3.1 ESPECIFICACIONES INADECUADAS DE PROCEDIMIENTOS DE MONTAJE

Las especificaciones inadecuadas de las operaciones y procedimientos de montaje, generalmente, contribuyen a la ocurrencia de fallas en servicio. Por ejemplo, la falla de pernos y tuercas debido a apriete inadecuado (insuficiente o mayor al requerido), o no uniforme. De aquí resulta evidente la conveniencia de implementar un procedimiento de apriete de las tuercas hasta un torque especificado, y la verificación del torque en los períodos normales de mantenimiento, con lo cual se elimina la posibilidad de falla por esta vía.

3.3.2 DESALINEAMIENTO Y DESBALANCEO

El desalineamiento de ejes, engranajes, rodamientos, poleas, bujes, sellos y acoplamientos, es, generalmente, un factor que contribuye a las fallas en servicio. Tanto el desalineamiento como el montaje de masas desbalanceadas producen fuerzas y aceleraciones que dan origen a fuerzas inesperadas e indeseadas en los descansos.

Por lo general, estas fuerzas, llamadas fuerzas de inercia, son consideradas en el diseño.

3.4 CONDICIONES DE SERVICIO INAPROPIADAS

La operación de equipos bajo condiciones anormalmente severas de velocidad, carga, temperatura y ambiente químico, o sin planes de mantención, inspección y monitoreo, resulta ser una de las mayores contribuciones a la ocurrencia de fallas en servicio. A pesar de lo anterior, los procedimientos de inspección y monitoreo pueden ser de poco o ningún valor, si ellos no tienen en cuenta los diferentes mecanismos de falla que pueden ser posibles para el componente en estudio. Tales procedimientos deben ser capaces de detectar cuando se produce un deterioro significativo (desgaste, vibraciones, desbalanceo, desalineamiento, productos de corrosión, etc.), durante las operaciones normales de inspección y mantenimiento, planificadas y ejecutadas a intervalos regulares de tiempo. Un tema encontrado con frecuencia es el hecho de que los mantenedores no siempre emprenden acciones remediales frente a alertas como vibraciones, contaminación de aceites, aumento de temperaturas, etc.

a. PARTIDA

La partida de muchos tipos de equipos, especialmente cuando hay equipos complejos que son puestos en operación por primera vez, o también cuando el equipo ha sido detenido para efectuar mantenimiento, o porque la operación intermitente es el procedimiento normal, es una fase de la operación especialmente crítica. Durante la partida, el equipo puede estar sometido a condiciones que no se producen en la operación normal, como por ejemplo, cambios bruscos de los parámetros de operación, gradientes de temperatura, aceleraciones y otras condiciones anormales. Lo inesperado se encuentra con bastante regularidad, a pesar de los rigurosos análisis y de la mejor de las planificaciones.

Si no existe la implementación de procedimientos adecuados, donde se planifique y controlen rigurosamente todas las operaciones de partida de un equipo complejo, un mal funcionamiento y la posible falla de algunos componentes, no debería ser un hecho inesperado. Un caso frecuente es la rotura de aceros al carbono, en calderas, debido al rápido y violento sobrecalentamiento localizado que se produce durante las partidas.

b. DETENCION

Los procedimientos de detención y mantenimiento de condiciones adecuadas durante este período (de nuevo, especialmente con equipos complejos), tienen básicamente el mismo potencial para contribuir a la falla que los procedimientos de partida.

c. OPERACIÓN

Naturalmente, es absolutamente imprescindible la existencia de manuales claros y precisos, que contengan toda la información de los parámetros de operación del equipo: cargas, velocidades, temperatura, monitoreo continuo de los sistemas de refrigeración y lubricación, adecuados planes de mantenimiento preventivo, etc.

3.5 EFECTO DE LA TEMPERATURA

Cuando un componente metálico trabaja en servicio a temperaturas elevadas, ya sea que las cargas aplicadas sean vibratorias o no vibratorias, puede predecirse que su vida será limitada. En cambio, a bajas temperaturas, y en ausencia de ambientes corrosivos, la vida de un componente en servicio no vibratorio es ilimitada, asumiendo que las cargas operacionales no exceden la tensión de fluencia del material.

Las tensiones impuestas a temperaturas elevadas producen una deformación continua del componente y dan origen al fenómeno de creep o termofluencia. Por definición, el creep es una deformación dependiente del tiempo que se produce bajo tensión o carga constante. Después de un período de tiempo, el creep puede terminar en fractura debido a ruptura por tensiones, llamada ruptura por creep.

Sólo en forma referencial, en la Tabla 2.3 se muestran las temperaturas de creep de algunas aleaciones.

TABLA 2.3 TEMPERATURAS DE CREEP

METAL	TEMPERATURAS							
	DE FUSION		0,3T. Fusión		0,4 T. Fusión		0,5 T. Fusión	
	°C	°K	°K	°C	°K	°C	°K	°C
Estaño	231,9	505,1	151,5	-121,7	202	-71,2	252,6	-20,7
Plomo	327,4	600,6	180,2	-93	240,2	-33	300,3	27,1
Zinc	419,5	692,7	207,8	-65,4	277,1	3,9	346,4	73,2
Magnesio	650	923,2	277	3,8	369,3	96,1	461,6	188,4
Aluminio	660,2	933,4	280	6,8	373,4	100,2	466,7	193,5
Cobre	1083	1356,2	406,9	133,7	542,5	269,3	678,1	404,9
Hierro	1539	1812,2	543,7	270,5	724,9	451,7	906,1	632,9
Titanio	1820	2093,2	628	354,8	837,3	564,1	1046,6	773,4
Tungsteno	3410	3683,2	1105	831,8	1473,3	1200,1	1841,6	1568,4

3.6 EFECTO DE LAS CARGAS

El efecto de las cargas y el modo de aplicación de ellas tienen un efecto importante en el origen de las fallas, especialmente en las fallas por fatiga. La nucleación y crecimiento de una grieta por fatiga y los aspectos de la superficie de fractura son fuertemente afectados por la forma del componente y el tipo de carga y la magnitud de éstas, además de los factores metalúrgicos y ambientales.

3.6.1. FLEXION UNIDIRECCIONAL

Una viga de sección transversal uniforme, sometida a flexión pura, fluctuante y unidireccional, tiene un momento flector constante a lo largo de su longitud y la tensión en las fibras traccionadas es uniforme a lo largo de ella, como se muestra en la figura 3.18a. Por consiguiente, una grieta por fatiga puede iniciarse en cualquier punto a lo largo de la viga; de hecho, pueden hacerse activas varias grietas por fatiga antes de que una de ellas tenga la longitud suficiente o tamaño crítico, para producir la fractura final.

Otra forma de flexión es la viga en voladizo, en la cual el momento flector y, por lo tanto, las tensiones de tracción en las fibras varían a lo largo de la viga, figura 3.18b. En este caso, la fractura se inicia en el punto de máxima tracción, adyacente al empotramiento rígido. Debido a la componente de tensión de corte, característica de las vigas en voladizo, la tensión de tracción máxima forma un pequeño ángulo con el eje de la viga. Consecuentemente, una grieta por fatiga se propagará hacia la porción de la viga que está dentro del empotramiento.

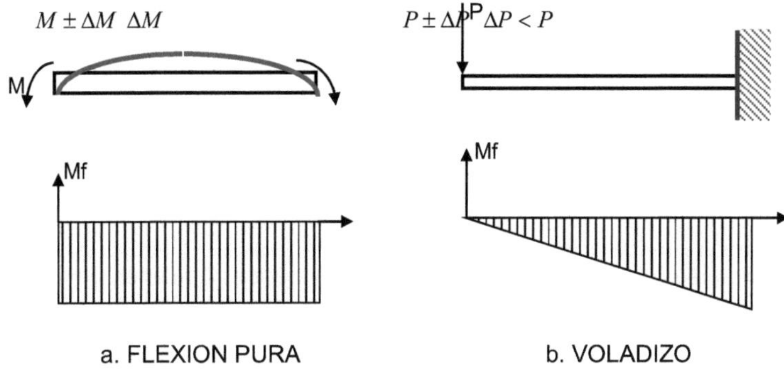

a. FLEXION PURA

b. VOLADIZO

FIGURA 3.18. FLEXION UNIDIRECCIONAL

3.6.2. FLEXION ALTERNATIVA

Si la carga de la viga es alternada o completamente invertida, en vez de fluctuante, las grietas por fatiga pueden iniciarse en ambos lados de la viga. En flexión pura, las grietas en lados opuestos de la viga, no están necesariamente en el mismo plano; por lo tanto, la fractura final puede producirse en algún ángulo distinto de 90°, respecto al eje de la viga. Si se aplica la misma carga a la viga en ambas direcciones, las dos grietas de fatiga deberían ser simétricas. El tamaño final de la zona de fractura es una indicación de la magnitud relativa de las cargas sobre la viga.

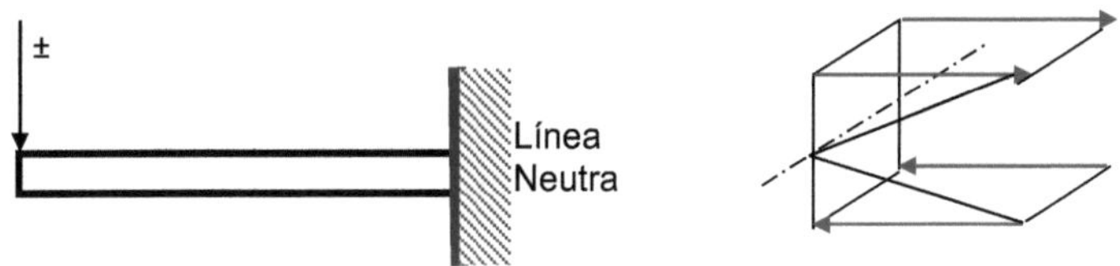

FIGURA 3.19. FLEXION ALTERNADA

Existe una notoria diferencia en la apariencia de una grieta por fatiga formada bajo cargas fluctuantes y otra formada bajo cargas alternadas. Con una carga alternada, cada grieta es abierta en un semiciclo y comprimida y cerrada durante el otro semiciclo, con lo cual se friccionan y pulen los puntos más altos de los lados opuestos de la grieta de fatiga. Bajo cargas fluctuantes, el rozamiento es menos pronunciado, por lo que las marcas de fatiga, llamadas marcas de playa, generalmente son más nítidas con cargas alternadas que con cargas fluctuantes.

3.6.3. FLEXION ROTACIONAL

Un tipo de elemento de máquina que por lo general es sometido a cargas de flexión es el eje rotatorio que se muestra en la figura 3.20. Un aspecto único de las cargas de flexión rotacional es que durante una revolución del eje, tanto la carga máxima como la mínima se ejercen en la circunferencia completa del eje, en la región de máximo momento flector. Debido a que las cargas son axialmente simétricas, una grieta por fatiga puede iniciarse en cualquier punto, o en varios puntos, en la periferia del eje. No necesariamente se producen grietas múltiples en un mismo plano; cuando existen, están separadas unas de otras por crestas llamadas marcas de trinquete. La presencia de grietas múltiples, normalmente indica una carga aplicada relativamente alta y flexión rotacional.

Con la aplicación de sobrecargas, bajas o moderadas, un eje rotatorio puede fallar como resultado de una grieta simple de fatiga. Cuando el eje está rotando siempre en la misma dirección, la grieta generalmente avanza asimétricamente, es decir, el centro aparente del área de marcas de playa se desvía en una dirección opuesta a la de rotación del eje. El crecimiento asimétrico de las grietas de fatiga es indicativo de flexión rotacional y de la dirección de rotación.

Bajo cargas de flexión rotacional que se invierten periódicamente, las grietas por fatiga crecen simétricamente. Aún cuando no exista inversión en la dirección de rotación, una grieta de fatiga originada por flexión rotacional puede avanzar simétricamente.

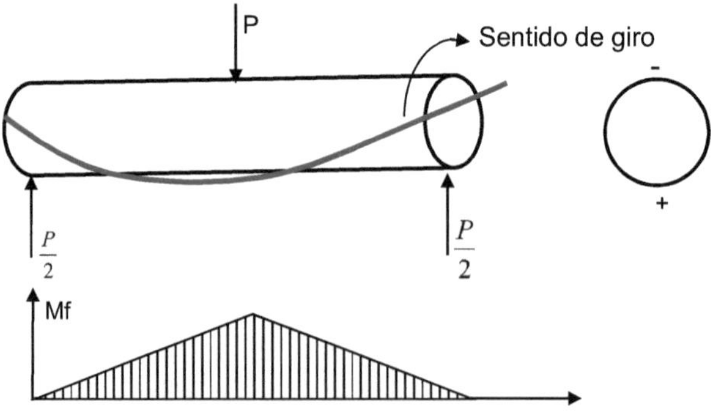

FIGURA 3.20. FLEXION ROTACIONAL

3.6.4. CARGAS DE TORSION

La acción de cargas torsionales sobre un eje produce una tensión máxima de tracción local que forma un ángulo de 45° con la dirección longitudinal del eje. Bajo una carga de torsión fluctuante, las grietas por fatiga pueden desarrollarse en dirección normal a la tensión de tracción. Bajo cargas de torsión alternadas $(\tau_M = 0)$, pueden desarrollarse dos conjuntos de grietas por fatiga, perpendiculares entre sí. Las grietas por fatiga torsional pueden comenzar en corte longitudinal o corte transversal, como se muestra en la figura siguiente. La longitud relativamente igual de las grietas, en cada caso de la figura, indica que se han producido tensiones iguales y de sentido opuesto durante la aplicación de la carga.

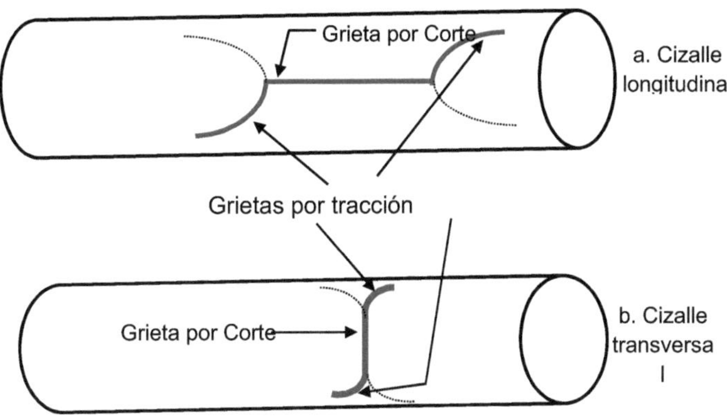

FIGURA 3.21. CARGAS DE TORSION

3.6.5. CARGAS AXIALES

En cada uno de los tipos de carga analizados anteriormente, hay un gradiente de tensiones dentro de la viga; las tensiones son mayores en la superficie de la viga, lo cual aumenta la probabilidad de que las grietas por fatiga se inicien en la superficie. En las cargas axiales puras, actuando sobre un elemento simple, de sección uniforme, las tensiones son constantes a través de la sección transversal de la pieza, como se muestra en la figura 2.22, por lo cual una grieta por fatiga puede iniciarse en una discontinuidad dentro del componente más que en la superficie. La apariencia de las grietas por fatiga causadas por cargas de tracción fluctuantes, frecuentemente es muy similar a la que ya se describió para las cargas de flexión. Los estados de tensiones dentro de piezas sometidas a los dos tipos de carga, axiales y de flexión, son similares, aún cuando las cargas axiales puras se encuentran muy rara vez en servicio.

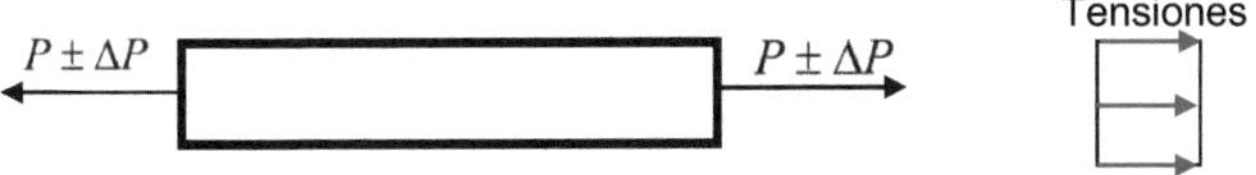

FIGURA 3.22. CARGAS AXIALES FLUCTUANTES

3.6.6. CARGAS DE COMPONENTES PLANOS

Las cargas que actúan sobre componentes planos, generalmente se diferencian de los componentes cilíndricos. En los primeros es más común la tracción biaxial y mucho menos frecuente la existencia de cargas torsionales.

Bajo condiciones de tracción biaxial, la vida a la fatiga depende más de la máxima tensión de corte que de la tensión principal de tracción. Por tanto, la falla por fatiga puede no producirse cuando las condiciones de carga producen bajas tensiones de corte, aún cuando existan altas tensiones de tracción.

En materiales en chapa o placas, el frente de la grieta por fatiga puede extenderse bajo condiciones de deformación plana, produciendo una superficie de fractura totalmente plana. Las fracturas por fatiga de planchas muy delgadas sometidas a altas tensiones, pueden desviarse de las condiciones de deformación plana y transformarse a condiciones de tensión plana.

3.7. EFECTO DE LAS RADIACIONES

La irradiación de neutrones de los componentes de acero en los reactores nucleares, generalmente produce un importante aumento de la temperatura de transición dúctil – frágil del acero, dependiendo de factores tales como dosis de neutrones, espectro de neutrones, temperatura de irradiación y composición química del acero. La magnitud en que se incrementa la temperatura de transición debido a la radiación de neutrones, generalmente se encuentra entre 17 y 195 °C. Este efecto sólo fue descubierto después de las investigaciones realizadas a raíz de los accidentes producidos en las centrales termonucleares, especialmente las destinadas a generación de energía eléctrica; esto ha dado origen a un notable desarrollo en esta área, destinado principalmente, a proveer de las adecuadas condiciones de seguridad a estas instalaciones.

El aumento de la temperatura de transición ha sido determinado para varias clases de acero usados en este tipo de aplicaciones, bajo diferentes condiciones de irradiación. Los aceros de alta resistencia, los cuales tienen una temperatura de transición inicial menor que los aceros de baja resistencia, generalmente son menos susceptibles a la fragilización por radiación. Los aceros con baja temperatura de transición inicial, microestructura de granos finos y alta densidad de dislocaciones, generalmente ofrecen mayor resistencia a la fragilización por neutrones. La fragilización por neutrones vuelve a los aceros más susceptibles a la fractura intergranular.

Los tratamientos térmicos afectan fuertemente la susceptibilidad de los aceros a la fragilización por neutrones. Los aceros con microestructura martensítica revenida son menos susceptibles que aquellos con microestructura de bainita superior revenida o ferrítica. La desgasificación al vacío y el control de elementos residuales ayuda a reducir la susceptibilidad a la fragilización por radiación de neutrones.

Los aceros inoxidables, especialmente los de tipo austenítico, son empleados como material de recubrimiento de recipientes a presión, calderas y reactores. La irradiación de estos aceros produce una significativa disminución de la ductilidad. Los aceros inoxidables martensíticos (revenidos o endurecidos), los ferríticos y aquellos que pueden endurecerse por precipitación (tipo PH), también son susceptibles a la fragilización por radiación de neutrones.

3.8. EFECTO DE LAS VIBRACIONES

Las vibraciones mecánicas realmente no son una causa de falla, sino que constituyen el efecto de una falla previa, y su medición y control deben formar parte de la serie de técnicas que permiten la determinación de las causas que han dado origen a tales vibraciones. Las causas más comunes de las vibraciones son:

- Desgaste de elementos rotatorios, o de sus apoyos, o de ambos.
- Desalineamiento de ejes.
- Desbalanceo de masas rotatorias.

Por su parte el desalineamiento de ejes puede provenir del desgaste en los apoyos, o de deformaciones excesivas (falta de rigidez) de las estructuras que soportan los descansos. De nuevo, es conveniente preguntarse si se ha llegado al último ¿por qué? en la búsqueda de la causa raíz que dio origen a la falla

CAPITULO 4
TECNICAS DE INVESTIGACION DE FALLAS

Este capítulo está relacionado principalmente con los procedimientos generales, técnicas y precauciones utilizadas en la investigación y análisis de las fallas de los materiales que pueden producirse en servicio. Se consideran las etapas de la investigación y la forma de relacionar estas etapas con los diversos aspectos de las causas más comunes de fallas.

La investigación de una falla y su análisis posterior deberá establecer las causas primarias de la falla, y, basándose en esa determinación, iniciar las acciones correctivas para prevenir fallas similares. Normalmente, debe evaluarse la importancia de las causas que contribuyen a que se produzca una falla en servicio; puede que haya que desarrollar nuevas técnicas experimentales o explorar campos de la ciencia y de la ingeniería que no nos son familiares. La investigación de un accidente complejo, tal como un accidente aéreo, usualmente requiere los servicios de expertos especializados en varias áreas de la ingeniería.

4.1 ETAPAS DE UN ANALISIS DE FALLA

Aún cuando la secuencia que se indica a continuación puede estar sujeta a variaciones, dependiendo de la naturaleza de la falla específica, las etapas principales que comprenden la investigación y análisis de falla, pueden resumirse en las siguientes:

1) Recolección de datos de respaldo y selección de muestras.
2) Examen preliminar de la estructura o componente fallado; examen visual y registro de los antecedentes recopilados.
3) Ensayos no destructivos.
4) Ensayos Mecánicos.
5) Selección, identificación, preservación y limpieza de todas las muestras.
6) Examen y análisis macroscópico (superficies de fractura, grietas secundarias y otros aspectos de la superficie).
7) Examen y análisis microscópico.
8) Selección, preparación y análisis de secciones metalográficas.
9) Análisis químico (general, localizado, productos de corrosión en la superficie, depósitos o recubrimientos y microanálisis).
10) Análisis de esfuerzos y de mecánica de la fractura.
11) Ensayos bajo condiciones de servicio simuladas.
12) Determinación del mecanismo de falla.
13) Análisis de todas las evidencias, formulación de conclusiones y preparación del informe final.

El tiempo empleado en determinar las circunstancias en que ocurrió la falla, generalmente es un tiempo bien invertido. Cuando un componente que se ha roto en servicio es recibido para un examen, muchas veces el investigador se siente inclinado a preparar inmediatamente probetas, sin haber planificado previamente un procedimiento de investigación. Esta falta de planificación debe evitarse siempre, debido a que, a la larga, puede perderse gran cantidad de tiempo y esfuerzo, mientras que si en primer lugar se consideran cuidadosamente los antecedentes de la falla y se estudian todos los aspectos generales, y luego se diseña y planifica el procedimiento que se utilizará en la investigación, se reducen notoriamente las probabilidades de realizar pruebas erróneas.

En la investigación de la falla de algunas estructuras y componentes, muchas veces puede ser poco práctico o imposible que el analista de falla visite el sitio del suceso. Bajo estas circunstancias, los antecedentes y muestras deben ser recopilados por ingenieros o técnicos del área, o por el personal de mayor calificación del lugar. Puede usarse una hoja especial para informes de fallas o una lista de verificación, para asegurar que se registre toda la información relacionada con la falla.

4.2 RECOPILACION DE DATOS DE RESPALDO Y SELECCIÓN DE MUESTRAS

En una primera etapa, la investigación de la falla debe incluir los siguientes pasos preliminares:

(a) Adquisición de la información de todos los detalles pertinentes relacionados con la falla (antes, durante y después de la falla).
(b) Recopilación de la información relacionada con la fabricación, procesamiento e historia de servicio del componente o estructura fallada.
(c) Reconstituir lo más rápidamente posible la secuencia de sucesos que condujeron a la falla.

La recopilación de antecedentes sobre la historia de la fabricación de un componente debe empezar con la obtención de planos y especificaciones e incluir todos los aspectos de diseño del componente. Los datos relacionados con la fabricación pueden agruparse en las siguientes categorías:

- Procesos mecánicos, los cuales abarcan los procesos de conformado en frío, estirado, estrusión, doblado, punzonado, perforado, maquinado, esmerilado y pulido.

- Procesos térmicos, los cuales abarcan todas las operaciones de conformado en caliente (forja, laminación, extrusión), tratamientos térmicos, soldadura (al arco, oxiacetilénica).

- Procesos químicos, tales como las operaciones de limpiado químico, electrodepositación y aplicación de recubrimientos por aleación química o por difusión (cementación, nitruración, carbonitruración, borado).

4.2.1 HISTORIA DE SERVICIO

La obtención de una completa historia de servicio depende, en gran medida, de cuán detallados y completos hayan sido los registros previos a la ocurrencia de la falla. La disponibilidad de registros de servicio simplifican enormemente la labor del analista de fallas. En la recopilación de la historia de servicio debe darse especial énfasis a los aspectos siguientes:

(a) Antecedentes ambientales
(b) Cargas normales y anormales

(c) Cargas cíclicas
(d) Variaciones de temperatura (normales y anormales)
(e) Gradientes de temperatura
(f) Operaciones en ambientes corrosivos
(g) Forma y procedimientos de operación (de partida, de detención y de operación normal); existencia de manuales.

En la mayoría de los casos, sin embargo, no se dispone de registros completos de servicio, forzando al analista a desarrollar su trabajo con información fragmentaria. Cuando los datos de servicio son muy incompletos o se encuentran muy dispersos, el analista debe recurrir a toda su experiencia y habilidad para deducir las condiciones de servicio. Por consiguiente, en estos casos, el resultado final de la investigación depende, en gran medida, de su juicio y destreza, ya que una deducción errónea, usualmente suele ser más dañina que la ausencia de información.

4.2.2 REGISTRO FOTOGRAFICO

La tecnología actual permite tomar excelentes fotos a color, en forma prácticamente ilimitada, de modo que el analista y su equipo no deben perder la oportunidad de registrar todos los detalles que estimen adecuados.

4.2.3 SELECCIÓN DE MUESTRAS

La selección de las muestras debe hacerse previamente al inicio del examen propiamente tal, especialmente cuando se espera que la investigación pudiera llegar a ser muy larga. Igual que en el caso de las fotografías, el analista es el responsable de asegurarse de que las muestras serán apropiadas en tamaño, forma y cantidad, y que ellas sean representativas de las características de la falla que se va a estudiar. Siempre es conveniente buscar evidencia adicional en los daños, más allá de la que es aparente de inmediato y a simple vista.

En muchos casos es conveniente comparar componentes fallados con componentes similares que no han presentado fallas, para determinar si la falla ocurrió por condiciones de servicio o fue el resultado de un error de fabricación. Por ejemplo, si en la falla de un tubo de caldera se sospecha que la causa puede haber sido un sobrecalentamiento, si la investigación revela la existencia de una microestructura esferoidizada en el tubo fallado (la cual es indicadora de un sobrecalentamiento en servicio), entonces, la comparación con otro tubo, lejos de la región expuesta a alta temperatura, permitirá determinar si los tubos fueron suministrados en la condición esferoidizada.

En otro ejemplo, supongamos que el examen de un perno muestra una fractura por fatiga, típica de las fracturas causadas por la aplicación repetida de tensiones excesivas de flexión. La disminución de las fuerzas de apriete es una de las mayores causas que originan la fractura por fatiga de pernos. Por lo general, también es conveniente examinar las tuercas u otros componentes asociados con el perno, debido a que algunos errores de maquinado o el desgaste de estos componentes pueden dar origen a cargas no axiales en servicio, lo cual no podría determinarse a partir del examen del perno solamente.

En fallas que involucran la presencia de corrosión, agrietamiento por corrosión bajo tensiones o corrosión – fatiga, frecuentemente puede requerirse, para facilitar el análisis, una muestra del fluido que haya estado en contacto con el metal, o de cualquier depósito que haya podido formarse.

4.2.4 CONDICIONES ANORMALES

Además de elaborar una historia completa del componente o estructura que ha fallado, también es conveniente determinar y registrar cualquier condición o suceso anormal ocurrido en servicio y que haya podido contribuir a causar la falla. También se debe determinar y registrar cualquier reparación o reacondicionamiento que se haya realizado recientemente y por qué se llevó a cabo. También es necesario investigar si la falla estudiada es un caso aislado o han ocurrido otras similares, tanto en el componente considerado u otro que tenga las mismas características de diseño.

En el examen de rutina de una fractura frágil es importante conocer si en el instante del accidente o falla, la temperatura era baja, y si pueden haber, de alguna forma, cargas de impacto involucradas. Cuando se trata con fallas de ejes cigüeñales u otro tipo de ejes, generalmente es conveniente averiguar las condiciones de los rodamientos, de los descansos y si existe cualquier tipo de desalineamiento, ya sea dentro de la máquina en estudio o entre el motor y los componentes accionados.

4.2.5 ANALISIS DE RESTOS

Aún cuando el tratamiento detallado de los procedimientos utilizados en el análisis de restos excede largamente el objeto de este texto, serán analizadas algunas de las técnicas empleadas y las precauciones que deben tomarse.

Posiblemente la precaución más importante que debe observarse en el análisis de restos es que la posición de todos y cada uno de los restos de la pieza debe registrarse antes de que las piezas sean tocadas o movidas. Este registro generalmente requiere gran cantidad de fotografías, la preparación de diagramas adecuados y el registro y tabulación de las medidas de las piezas.
A continuación es necesario hacer un inventario para asegurarse de que todas las piezas o fragmentos están presentes en el sitio del accidente. Una investigación de un accidente aéreo implica el desarrollo de un extenso inventario, incluyendo el número de motores, puertas, tren de aterrizaje, y las diferentes partes del fuselaje y alas. Obviamente, esto es esencial para establecer si todas las partes del avión se encontraban a bordo en el instante del accidente. Proveerse de un inventario, aunque cueste hacerlo, muchas veces es invaluable. Por ejemplo, un complejo accidente aéreo fue resuelto prontamente por un experimentado investigador cuando observó que una parte de una punta de ala no se encontraba entre los restos; este fragmento fue encontrado posteriormente varios kilómetros antes del accidente: El fragmento suministró evidencia de una falla por fatiga, la cual explicaba el accidente.

Suponiendo que todos los componentes se encuentran en el sitio del accidente, también es importante establecer, tan rápido como sea posible, cuáles de los sistemas de control estaban trabajando en el instante del accidente. En un accidente aéreo, esto incluye no sólo los sistemas de control, sino también las fuentes de poder de las cuales ellos dependen para su operación. Obviamente, en una catástrofe aérea, como resultado del accidente mismo pueden romperse algunos sistemas de control, perdiéndose gran cantidad de tiempo en examinar las fracturas por sobretensión producidas en el impacto. Estas deben ser cuidadosamente diferenciadas de las fracturas y otro tipo de fallas ocurridas previamente al momento del impacto. El problema, por consiguiente, consiste en determinar la secuencia en que ocurrieron las fallas.

El problema más común encontrado en el análisis de restos, ha sido determinar la secuencia de las fracturas, de modo de determinar el origen de la falla inicial. Usualmente, la dirección de crecimiento de las grietas puede determinarse a partir de las marcas en la superficie, tales como las marcas tipo "chevron" (tipo espinas de pescado).

4.3 EXAMEN PRELIMINAR DE LA PARTE FALLADA

La parte fallada, incluyendo todos sus fragmentos, debe ser sometida a un completo examen visual, antes de que se haga cualquier limpieza. Frecuentemente, la tierra y fragmentos que se han encontrado sobre la pieza, proporcionan evidencia muy útil para establecer la causa de la falla o para determinar la secuencia de sucesos que condujeron a la falla. Por ejemplo, las trazas de pintura encontradas en una parte de una superficie de fractura, pueden proporcionar evidencias de que alguna grieta, en la cual se ha filtrado pintura, estaba presente en la superficie algún tiempo antes de que ocurriera la fractura completa. Tal evidencia debe ser notada, registrada y tenida en cuenta en el análisis.

4.3.1 INSPECCION VISUAL

El examen preliminar debe comenzar con la inspección visual. El ojo desnudo tiene una excepcional profundidad de campo, y la habilidad para examinar grandes áreas rápidamente, y para detectar sutiles cambios de color y texturas. Algunas de estas ventajas se pierden cuando se utilizan recursos ópticos o electro – ópticos. Debe darse una particular atención a las superficies de fractura y a los caminos de las grietas. El significado de cualquier indicación de condiciones anormales o abusos en servicio, debe ser observada y evaluada, y debe hacerse una evaluación general del diseño básico y construcción del componente. Todo aspecto importante, incluyendo dimensiones y tolerancias, especificaciones de materiales y de tratamientos térmicos, procedimientos de soldadura o de otro tipo de proceso de manufactura, debe ser registrado, ya sea por escrito, en dibujos o en fotografías.

Debe enfatizarse fuertemente que los exámenes deben ejecutarse realizando la investigación con la mayor acuciosidad posible, debido a que, con frecuencia se encuentran presente indicios de la causa de la rotura, pero pueden ser borrados, no advertidos o distorsionados si el investigador no está suficientemente alerta y vigilante de ellos. En esta labor puede ser de mucho valor la ayuda de un microscopio de pocos aumentos (de 6 a 25X), preferentemente del tipo binocular, o, en último caso, de una lupa; también es valiosa la ayuda del boroscopio para acceder a lugares de poco acceso.

4.3.2 FOTOGRAFIA DE LAS FRACTURAS

La etapa siguiente del examen preliminar es tomar fotografías generales de toda la parte de la falla, incluyendo piezas rotas, registrar su tamaño y condición, y mostrar de qué forma la fractura está relacionada con el componente. Esto va seguido de un cuidadoso examen de la región fallada.

4.4 ENSAYOS NO DESTRUCTIVOS (END)

Los END son pruebas que permiten determinar la utilidad, durabilidad o calidad de un material o de una pieza sin dañarla o sin restringir su uso. Generalmente se aplican para detectar defectos internos o externos de los materiales, para medir espesores, determinar nivel de líquido o de sólido en recipientes opacos, para identificar y clasificar materiales (generalmente por comparación).

Los END se dividen en los siguientes métodos básicos: líquidos penetrantes, partículas magnéticas, ultrasonidos, radiográficos, corrientes parásitas, microondas e infrarrojos. Existen muchas técnicas para aplicar cada método de prueba; en la tabla siguiente se resumen algunos de los principales métodos de END.

METODOS DE ENSAYOS NO DESTRUCTIVOS

a). METODO : EMISION ACUSTICA

Mide o Revela :

- Iniciación de grietas y velocidad de crecimiento
- Grietas internas en las soldaduras durante el enfriamiento
- Ebullición o cavitación
- Fricción o desgaste
- Deformación plástica
- Transformaciones de fase

Aplicaciones :

- Estructuras sometidas a tensiones
- Turbinas o cajas de engranajes
- Soldaduras
- Investigación mecánica de fracturas
- Análisis de señal sónica

Ventajas :

- Vigilancia remota y continua
- Registro permanente
- Revelación dinámica (en vez de estática) de grietas
- Portátil
- Técnicas de triangulación para localizar defectos

Limitaciones :

- Los transductores deben colocarse sobre la superficie de la pieza
- Los materiales ampliamente dúctiles dan emisiones de baja amplitud
- La pieza debe estar tensionada o en operación

- Se necesita separar el ruido del sistema de prueba.

b). METODO : CORRIENTE PARASITA

Mide o Revela :

- Grietas y uniones en la superficie y bajo la superficie
- Contenido de aleación
- Variaciones de tratamientos térmicos
- Espesor de pared y de recubrimientos
- Profundidad de grietas
- Conductividad y permeabilidad

Aplicaciones :

- Tuberías, alambres
- Rodamientos de bolas
- "Verificación de puntos" en todos los tipos de superficies
- Calibrados de proximidad
- Revelador de metal
- Clasificación de metal
- Medida de conductividad en % IACS

Ventajas :

- No requiere habilidad especial del operador
- Alta velocidad y bajo costo
- Automatización posible para piezas simétricas
- No requiere contacto de acoplante o instrumento

Limitaciones :

- Materiales conductores
- Poca profundidad de penetración (sólo paredes delgadas)
- Indicaciones ocultas o falsas causadas por sensibilidad a variaciones, como la geometría de la pieza.
- Requiere normas de referencia
- Variaciones de permeabilidad

c). METODO : FLUOROSCOPIA

Mide o Revela :

- Objetos extraños
- Nivel de llenado de recipientes
- Componentes internos
- Variaciones de densidad
- Huecos (discontinuidades)
- Formación de defectos de fundición

Aplicaciones :

- Flujo de líquidos
- Presencia de cavitación
- Operación de válvulas e interruptores
- Imágenes de alto brillo
- Visión del tiempo real
- Amplificación de imagen
- Registro permanente

Limitaciones:

- Equipo costoso

- Sin agudeza geométrica
- Probetas gruesas
- Velocidad del suceso a estudiar
- Area de visión

d). METODO : PRUEBAS DE ESCAPES (Fugas)

Mide o Revela :

- He, NH_3, H_2O, Humos
- Burbujas de aire, Halógenos
- Gases radioactivos

Aplicaciones :

- Conjuntos sellados
- Cámaras de presión o de vacío
- Estanques para combustibles o gases
- Uniones hechas con soldadura fuerte o con adhesivos

Ventajas :

- Alta sensibilidad a separaciones ligeras, extremadamente pequeñas, no revelables por otros métodos de END.
- Sensibilidad relacionada con el método seleccionado

Limitaciones :

- Se requiere acceso a ambas superficies de la pieza
- El metal manchado o los contaminantes pueden evitar la indicación
- Costo relacionado con la sensibilidad

e). METODO: PATICULAS MAGNETICAS

Mide o Revela :

- Defectos superficiales o ligeramente subsuperficiales ; grietas, uniones, porosidad, inclusiones.
- Variaciones de permeabilidad
- Extremadamente sensible para localización de pequeñas grietas

Aplicaciones:

- Materiales ferromagnéticos : barras, forjas, soldaduras, extrusiones, etc.

Ventajas:

- Puede ser portátil
- Relativamente rápido y de bajo costo
- Sobre los líquidos penetrantes tiene la ventaja que indica defectos subsuperficiales, especialmente inclusiones.

Limitaciones :

- El alineamiento del campo magnético es crítico
- Requiere desmagnetizar las piezas después de la prueba
- Las piezas deben limpiarse antes y después de la inspección

Descripción del método:

La pieza que se prueba se magnetiza apropiadamente, aplicando posteriormente sobre su superficie partículas magnéticas (generalmente polvo de hierro), finamente divididas. Cuando el objeto se encuentra bien orientado hacia el campo magnético inducido, la discontinuidad crea un campo de fuga o de dispersión que atrae y sostiene las partículas, lo cual forma una indicación visible.

La dirección y carácter del campo magnético dependen de la manera como se aplique la fuerza de magnetización y del tipo de corriente usada. Para la mejor sensibilidad, la corriente de magnetización debe fluir en una dirección paralela a la dirección principal del defecto esperado ; dicho de otro modo, las líneas de fuerza magnéticas deben cortar perpendicularmente a las grietas, como se muestra en la figura 4.1.

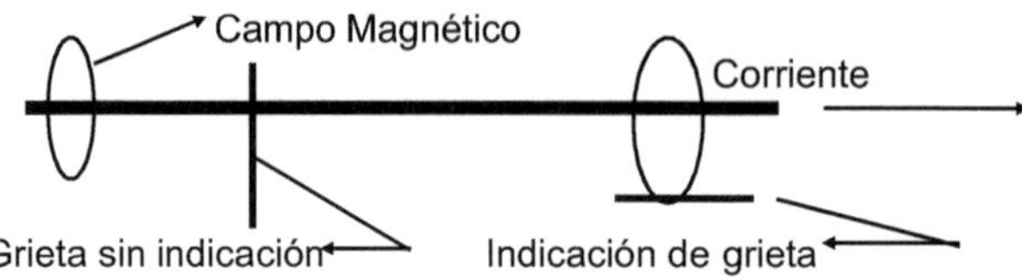

FIGURA 4.1. Indicaciones del método de partículas magnéticas

Los campos circulares, como el de la figura 4.1, producidos por el paso de la corriente a través del objeto, están contenidos casi completamente dentro del objeto que se prueba. Los campos longitudinales, producidos por bobinas o yugos, crean polos externos y un campo general de fuga. Puede usarse la corriente alterna o la corriente continua de media onda para localizar los defectos de superficie, pero esta última es la más efectiva para localizar defectos bajo la superficie. Las partículas magnéticas pueden aplicarse secas o como una suspensión húmeda. Los polvos secos coloreados son ventajosos cuando se hacen pruebas para defectos bajo la superficie y cuando se prueban objetos que tienen superficies ásperas, como fundiciones, forjas y soldaduras. Se prefieren las partículas húmedas para descubrir grietas muy finas, como las de fatiga o las de rectificado.

Las partículas húmedas fluorescentes se usan para inspeccionar objetos con luz ultravioleta. La inspección fluorescente se usa en forma más amplia por su mayor sensibilidad. La aplicación de partículas mientras pasa la corriente (método continuo), produce indicaciones más fuertes que las obtenidas cuando las partículas se aplican después que la corriente se corta (método residual).

f). METODO: EFECTO MÖSSBAUER

Mide o Revela :

- Polarización de dominios magnéticos en el acero
- Resonancia magnética nuclear en los materiales ; la más común es en el hierro 57.

Aplicaciones:

- Revela e identifica el hierro en la muestra
- Revela partículas de hierro sobre acero inoxidable
- Mide austenita retenida en los aceros
- Determina superficies nitruradas en el acero
- Interacción de dominios con dislocaciones en materiales ferromagnéticos

Ventajas:

- Provee información única respecto de los alrededores del núcleo de Fe 57

Limitaciones:

- Riesgo de radiación
- No portátil
- Requiere de ingenieros o físicos con alto adiestramiento
- Equipo de precisión para analizar la fuente de vibración y el espectro

g). METODO: LIQUIDOS PENETRANTES

Mide o Revela :

- Escapes a través de paredes
- Defectos abiertos a la superficie de las piezas, grietas, porosidad, uniones, traslapes, etc.

Aplicaciones:

- Todas las piezas de superficies no absorbentes (fundiciones, forjas, soldaduras, etc.).

Ventajas:

- Bajo costo ; portátil
- Las indicaciones pueden inspeccionarse visualmente
- Resultados de fácil interpretación

Limitaciones:

- El defecto debe estar abierto a la superficie
- Las películas de la superficie, como recubrimientos, laminilla y metales manchados, pueden evitar la revelación de los defectos.
- Las piezas deben limpiarse antes y después de la inspección.

Descripción del método:

El método de END por líquidos penetrantes se basa en el principio de capilaridad de los líquidos que permite su penetración y retención en aberturas estrechas. Tiene un amplio campo de aplicación en la detección de defectos abiertos a la superficie en metales ferrosos y no ferrosos, plásticos, cerámicos y vidrios que no sean porosos ni presenten rugosidad excesiva.

Este método se distingue porque prácticamente es independiente de la forma o geometría de la pieza a examinar, requiere un equipamiento mínimo y permite obtener una gran sensibilidad en la detección de fisuras. Tiene sus orígenes en la antigua técnica de "aceite y blanqueo" aplicada desde fines del siglo pasado en los talleres ferroviarios para detectar fisuras por fatiga en componentes de locomotoras y vagones. Esta técnica consistía en limpiar cuidadosamente la pieza, sumergirla durante varias horas en una mezcla caliente de 25% de aceite y 75% de kerosene, a fin de lograr la penetración de la mezcla en las posibles fisuras o poros. Posteriormente se retira la pieza del baño, se deja escurrir y se remueve la mezcla de la superficie mediante un trapo o papeles. A continuación, se blanquea la pieza con cal o tiza suspendida en alcohol. Finalmente, la pieza se observa detenidamente a fin de detectar las zonas en que las manchas de aceite en la cal revelaban la presencia de los defectos en los cuales había sido retenida la mezcla.

Este ensayo tenía, no obstante, serias limitaciones en cuanto a su sensibilidad debido principalmente a las características del líquido usado y a la falta de contraste en las indicaciones. Las necesidades de mejorar y acelerar los métodos de control de calidad en la producción masiva de equipos y armamentos durante la Segunda Guerra Mundial, especialmente para materiales no ferrosos, impulsaron el mejoramiento de esta antigua técnica. Así, en 1941 Roberto y José Switzer patentaron un método muy mejorado que posteriormente vendieron a la Magnaflux Corporation, que inicia rápidamente su difusión y comercialización.

El éxito de cualquier examen con líquidos penetrantes (LP), es en gran parte dependiente de que la superficie se encuentre libre de cualquier contaminante que interfiera en el proceso. Todas las partes deben estar limpias y secas antes de aplicar el LP, por lo tanto, deben recibir una preparación adecuada, la cual incluye la remoción de cascarillas, óxidos, escamas, capas de pintura u otras cubiertas protectoras y la realización de una profunda limpieza que deje la superficie libre de toda contaminación. La Norma ASTM E165 - 65 da una serie de recomendaciones para los procedimientos de limpieza, dependiendo de las características de la pieza y del tipo de suciedad a eliminar.
Existen diferentes tipos de LP, los cuales se clasifican en los tipos que se indican en la Tabla 4.1, de acuerdo con la Norma ya citada.

Tabla 4.1. Tipos de Líquidos Penetrantes

TIPO	TECNICA	PIGMENTO	CARACTERIZACION
A	1	Fluorescente	Lavables con agua
	2		Post - emulsificables
	3		Removibles con solventes
B	1	Coloreados	Lavables con agua
	2		Post - emulsificables
	3		Removibles con solventes

La forma de aplicación del penetrante puede ser por inmersión, por pulverización o mediante pinceles o brochas. El tiempo de aplicación es de unos 5 a 10 minutos, pudiendo llegar a 30 o más en algunos casos especiales considerados por las Normas. Después de transcurrido el tiempo necesario para que se produzca la penetración del LP en las discontinuidades del material, debe removerse el exceso sin extraer el que ha quedado retenido en los defectos.

Finalmente, en la etapa de revelado se aplica una capa delgada de polvo muy fino (talco y otros materiales), sobre la superficie bajo examen. El polvo absorbe el LP retenido en las fallas y lo concentra en la superficie, permitiendo su visualización, como se muestra en la figura 4.2. En el caso de los líquidos coloreados el revelador permite aumentar el contraste.

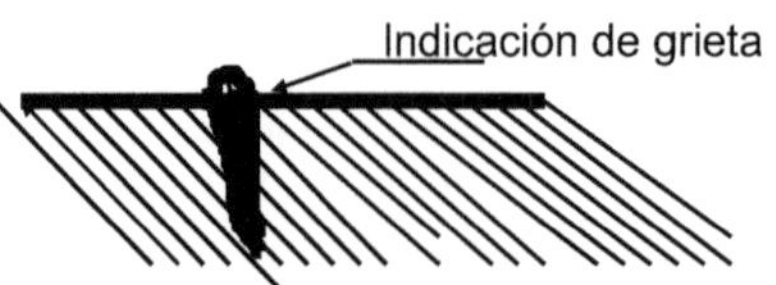

FIGURA 4.2. Detección de grieta por Líquidos Penetrantes

El revelado puede ser en seco, en un medio húmedo no acuoso, o simplemente acuoso.

h). METODO : RADIOGRAFIA (RAYOS γ) ; Co 60, Ir 192

Mide o Revela :

- Defectos y variaciones internas, porosidad, inclusiones, grietas, falta de fusión, variaciones geométricas, corrosión.

Aplicaciones: En general, donde las máquinas de Rayos X no son adecuadas, a causa de que la fuente no puede colocarse dentro de la pieza de aberturas pequeñas, o la fuente de poder no está disponible.

Ventajas:

- Portátil ; bajo costo inicial ; bajo contraste
- Registros permanentes ; película
- Las fuentes pequeñas pueden colocarse dentro de piezas de aberturas pequeñas

Limitaciones:

- Un nivel de energía por fuente
- Decaimiento continuo de la fuente
- Necesita operadores adiestrados
- Riesgo de radiación
- Transformación más lenta de imagen
- Costo relacionado con el orden de la energía

i). METODO: RADIOGRAFIA (RAYOS X : película)

Mide o Revela :

- Variaciones de densidad
- Defectos y variaciones internas, porosidad, inclusiones, grietas, falta de fusión, variaciones geométricas, corrosión

Aplicaciones:

- Fundiciones ; Conjuntos eléctricos ; Conjuntos soldados
- Objetos no metálicos
- Productos trabajados, complejos, delgados, pequeños.
- Motores de cohete con carga propulsora sólida

Ventajas:

- No requiere acoplante
- Registros permanentes (películas)
- Niveles de energía ajustables
- Alta sensibilidad a cambios de densidad
- Las variaciones de la geometría no afectan la dirección del haz de Rayos X

Limitaciones:

- Altos costos iniciales
- Riesgo de radiación
- La orientación de defectos lineales dentro de la pieza pueden ser desfavorables
- Profundidad de defecto no indicada
- La sensibilidad decrece con el aumento de radiación dispersa

Descripción del Método:

Esta técnica consiste en aplicar un haz de Rayos X sobre la pieza que se inspecciona, la cual es atravesada por estos rayos, velando una película radiográfica colocada en el lado contrario. Las zonas que tengan menor densidad, ya sea porque se trate de variaciones en el material o por la existencia de imperfecciones tales como grietas, poros u otro tipo de defectos, dejarán pasar una mayor intensidad de radiación, por lo que estas regiones se verán más oscuras en la película radiográfica.

u). METODO : RADIOMETRIA (RAYOS X, β, γ)

Mide o Revela :

- Espesor de pared ; Inclusiones, huecos
- Espesor de niquelado, cromado, estañado, etc.
- Variación de densidad o composición
- Nivel de llenado de latas o envases

Aplicaciones :

- Lámina, placa, tira, tubos
- Barras de combustible para reactores nucleares
- Latas y envases
- Piezas estañadas, cromadas, etc.

Ventajas :

- Rápido ; Portátil
- Completamente automático
- Extremadamente exacto
- Control de procesos computarizado

Limitaciones :

- Riesgo de radiación
- Decaimiento de la fuente
- Requiere normas de referencia.
- Rayos β usados sólo para recubrimientos ultradelgados.

j). METODO: ULTRASONIDO (0,1 a 25 MHz)

Mide o Revela :

- Espesor o velocidad del sonido
- Relación de Poisson ; Módulo de elasticidad
- Defectos y variaciones internas ; grietas, falta de fusión, porosidad, inclusiones, separación de laminaciones, falta de ligazón, formación de texturas.

Aplicaciones:

- Metales trabajados en caliente
- Objetos no metálicos
- Soldaduras
- Uniones hechas con soldadura fuerte y con adhesivos
- Piezas en funcionamiento

Ventajas:

- Muy sensible a grietas
- Resultados del ensayo conocidos inmediatamente
- Capacidad de registro permanente y automático
- Capacidad para alta penetración
- Portátil

Limitaciones:

- Requiere acoplante
- Partes complejas, delgadas y pequeñas pueden ser difíciles de verificar
- Requiere normas de referencia
- Operadores adiestrados para la inspección manual

4.5 ENSAYOS MECANICOS

Las propiedades mecánicas de los materiales son, probablemente las más utilizadas en Ingeniería, especialmente en el Diseño estructural y de máquinas. Algunas propiedades muy importantes se obtienen experimentalmente mediante el ensayo de tracción, razón por la cual se estudia separadamente.

4.5.1 ENSAYO DE TRACCION.

El ensayo de tracción, normalizado en la Norma chilena NCh 200, consiste en aplicar una carga de tracción creciente, a una probeta plana o cilíndrica, hasta causar la rotura de ella. La máquina de ensayo puede registrar mecánica o electrónicamente las cargas y los alargamientos que ellas producen, o puede hacerse también en forma manual. Si se representan en un diagrama, las cargas **P** en las ordenadas y los alargamientos o elongaciones Δ en el eje de abscisas, se obtiene un gráfico típico como el que se muestra en la figura 4.3.

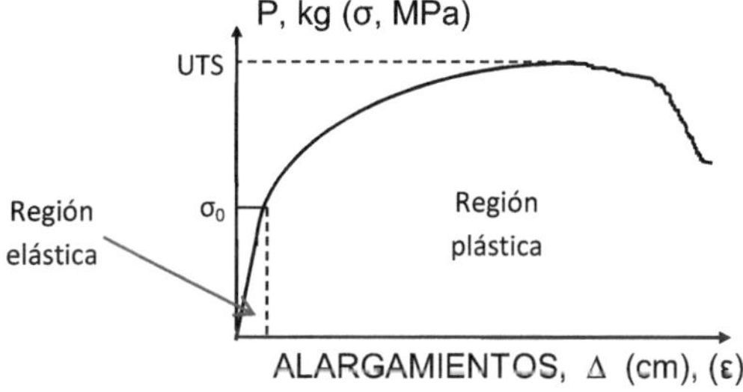

FIGURA 4.3. Diagrama Fuerza - alargamiento

Si se divide la carga P por el área de la sección transversal de la probeta, A_0, se obtiene la tensión o esfuerzo σ que actúa sobre el material. Si se divide el alargamiento Δ por la longitud inicial de la probeta, L_0, se obtendrá la deformación unitaria ε. Utilizando escalas adecuadas, la forma del diagrama no se altera, obteniéndose ahora un diagrama tensión-deformación, σ - ε. El diagrama de la figura 4.3 es típico de un material dúctil.

En el diagrama de la figura 4.3 pueden verse dos regiones diferentes. La primera, llamada zona elástica, en que el material cumple la Ley de Hooke que establece que en esta región las tensiones son proporcionales a las deformaciones, es decir:

$$\sigma \; \alpha \; \varepsilon \qquad (4.1)$$

Esta expresión puede transformarse en una ecuación introduciendo la constante de proporcionalidad E, llamada Módulo de Young o Módulo de Elasticidad longitudinal de los materiales. Para el acero E = 200 GPa. Por lo tanto la ley de Hooke puede escribirse:

$$\sigma = E\varepsilon \qquad (4.2)$$

El punto en que se pierde la proporcionalidad, donde la línea recta se transforma en una curva se llama límite elástico, límite de proporcionalidad, límite de cedencia o tensión de fluencia, siendo esta última la acepción de mayor uso. Representa el límite entre la región elástica y la región siguiente, llamada zona plástica. La tensión de fluencia se suele designar de varias formas:

RE (Según Norma Chilena)
Y (del inglés "yield" = fluencia), σ_0, σ_y

En la zona elástica, los materiales recuperan su forma y dimensiones originales cuando se retira la carga aplicada, razón por la cual la tensión admisible de diseño siempre debe caer en esta región. Para que se tenga siempre la certeza de ello, la tensión admisible se obtiene dividiendo la tensión de fluencia por un factor de seguridad FS $\leq$ 2. Es decir:

$$\sigma_{adm} = \frac{\sigma_0}{FS} \qquad (4.3)$$

Existen algunos materiales, como el cobre, que no tienen una tensión de fluencia nítida, por lo que se ha definido una tensión de fluencia convencional. Esta es la tensión necesaria para producir una deformación especificada previamente (normalmente 0,1 ó 0,2% según sea el caso, es decir, ε = 0,001 ó ε = 0,002). La tensión de fluencia convencional, $\sigma_{0,2}$, se determina de la forma que se muestra en la figura 4.4a.
En la figura 4.4b se muestra un diagrama típico de un material frágil.

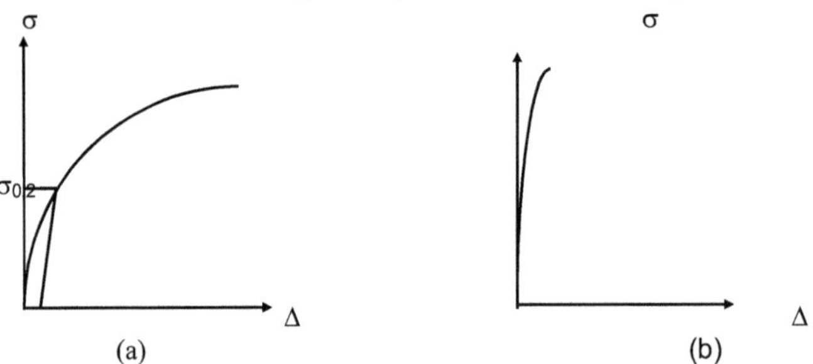

FIGURA 4.4. Diagramas tensión-deformación. (a). Material sin tensión de fluencia marcada. (b). Material frágil.

Cuando el sistema de cargas y deformaciones entran en la zona plástica, se pierde la proporcionalidad; si se descarga el material éste tiene una ligera recuperación elástica, quedando una deformación plástica permanente. La carga sigue aumentando hasta que alcanza un valor $P_{máx}$. Este valor dividido por el área inicial de la probeta se denomina Resistencia a la Tracción del material ó resistencia última; se designa por:

RM (Según la Norma Chilena NCh 200)

UTS (Del inglés Ultimate Tensile Strength), $\sigma_ú$

La **Resiliencia** es la capacidad de los materiales para absorber impactos permaneciendo en régimen elástico, es decir, sin deformarse permanentemente. Numéricamente puede determinarse calculando el área bajo la curva hasta la tensión de fluencia. Es decir, tratándose de un triángulo :

$$R = \frac{1}{2}\sigma_0 \varepsilon = \frac{1}{2}\frac{\sigma_0^2}{E} \tag{4.4}$$

La unidad de esta propiedad es energía absorbida por unidad de volumen.
La **Tenacidad Estática** se determina evaluando el área total bajo la curva σ - ε, lo cual puede hacerse gráficamente o mediante la siguiente integración :

$$T = \int_{\varepsilon_0}^{\varepsilon_r} \sigma d\varepsilon \tag{4.5}$$

La **ductilidad** es una medida de la capacidad de aceptar deformaciones de los materiales. Se mide por el alargamiento o elongación total de la probeta, es decir:

$$e = \frac{\Delta}{L_0} = \frac{L_f - L_0}{L_0} \tag{4.6}$$

Normalmente, la ductilidad puede darse también en términos porcentuales.

La tensión a la cual se produce la rotura de la probeta se denomina tensión de rotura o de ruptura, la cual es de poco interés ingenieril. Solamente en unos pocos materiales frágiles (vidrios u otro tipo de cerámicos), la tensión de ruptura puede coincidir con la resistencia a la tracción; generalmente es menor.

El ensayo de tracción se realiza a temperatura ambiente (20 °C) y a una velocidad de deformación que simula condiciones casi estáticas, por lo que las propiedades obtenidas mediante este tipo de prueba pueden usarse en forma confiable solamente cuando las condiciones de servicio son similares a las de ensayo.

4.5.2 ENSAYO DE DUREZA.

La dureza es una propiedad mecánica que generalmente se relaciona con la resistencia al desgaste de los materiales. Sin embargo, puede tener diferentes significados según sea el instrumento utilizado para medirla.

a) DUREZA ELASTICA.

Este tipo de dureza se mide en un instrumento llamado escleroscopio. El ensayo consiste en medir la altura de rebote de un pequeño martillo con punta de diamante (o una bolita), después de caer por su propio peso. A mayor altura de rebote, mayor será la dureza del material. Generalmente se utiliza en materiales blandos tales como plásticos, gomas u otros.

b) DUREZA AL RAYADO.

Este ensayo es usado principalmente por los mineralogistas. Fue ideado por Fiedrich Mohs y consta de diez minerales estándar ordenados en forma de dureza creciente del 1 al 10, según se indica en la tabla siguiente.

ESCALA DE MOHS

1 TALCO	6 FELDESPATO
2 YESO	7 CUARZO
3 CALCITA	8 TOPACIO
4 FLUORITA	9 CORINDON
5 APATITA	10 DIAMANTE

c) DUREZA A LA PENETRACION.

Este es el concepto de dureza más utilizado en la Ingeniería de Materiales. Mide la resistencia a la penetración o indentación de los materiales. Existen tres procedimientos de ensayo, los cuales se encuentran normalizados en las Normas Chilenas NCh 197, 198 y 199.

- DUREZA BRINELL.

Ideado por J.A. Brinell en el año 1900, consiste en comprimir sobre la superficie a ensayar una bolita de acero de 10 mm de diámetro, con una carga de 3000 Kg. para los materiales ferrosos y 500 Kg. Para los no ferrosos. La carga se aplica durante 10 s en los primeros, y 30 s en los no ferrosos.

Si el ensayo es estándar con bolita de 10 mm de diámetro, carga de 3000 Kg. y tiempo de aplicación de 10 segundos, se escribe simplemente la cifra medida, seguida de HB. De no ser así, deben especificarse las condiciones del ensayo; por ejemplo:

Generalmente no es necesario hacer ningún tipo de cálculos debido a que los durómetros modernos cuentan con electrónica digital en los que la lectura se hace directamente en una pantalla.

Este ensayo está limitado a medir durezas de materiales más blandos que la bolita de acero templado usada como penetrador, es decir, unos 500 HB. También existen limitaciones en cuanto al espesor, debido a las grandes cargas usadas, los espesores no pueden ser menores que el diámetro de la bolita (10 mm). Es de gran empleo en aceros estructurales, aleaciones blandas y en la mayoría de las aleaciones para fundición. En términos prácticos el uso de la escala Brinell se recomienda para 200 < HB < 450.

- DUREZA ROCKWELL.

Este método mide la profundidad de la penetración. En las máquinas normales, con escalas B y C, se emplea una carga previa de 10 kg. y una carga final de 100 y 150 kg., respectivamente. Los penetradores usados son una bola de acero de 1/16" (1,59 mm) de diámetro en la escala B y un cono de diamante en la escala C. La escala B se utiliza en materiales blandos tales como aleaciones de Al y Mg, latones, aceros estructurales y aleaciones para fundición y ,en general, para aleaciones con durezas inferiores a HB 200 (aproximadamente 93 HRB), mientras que las escala C se utiliza para aceros templados con durezas superiores a HB 250 (aproximadamente 25 HRC). Con este procedimiento puede medirse la dureza en espesores de hasta unos 2 mm.

- DUREZA VICKERS.

Igual que el método Brinell mide el área dejada por la indentación del penetrador. Utiliza como penetrador una punta piramidal de diamante, de base cuadrada, que forma un ángulo de 136° entre caras. No tiene limitaciones ni en durezas ni en espesores; es especialmente apta para medir durezas en pequeños espesores de hasta 0,15 mm. Pueden emplearse cargas desde 1 gramo hasta 1 kg.

- MICRODUREZA.

Este tipo de prueba se aplica para pequeños espesores (hasta 0,025 mm), como también para determinar durezas de granos, de fases o de otro tipo de componentes microestructurales. El método más utilizado es el Vickers.

4.5.3 ENSAYO DE FATIGA.

La fatiga es un mecanismo de falla de los materiales debido a la acción de tensiones que varían en el tiempo. Ya sea que existan microgrietas o que éstas se originen durante las variaciones cíclicas de las tensiones, las componentes de tracción de los ciclos hacen que las microgrietas crezcan, se junten con otras y alcancen tamaños críticos suficientes para hacer que una pieza o un componente falle en forma prematura y/o catastrófica causando perjuicios económicos y pérdida de vidas humanas en muchos casos. Generalmente los datos obtenidos en un ensayo de fatiga se representan en un diagrama bi-logarítmico, llamado diagrama de Wöhler o curva S - N, como el que se muestra en la figura 4.5.

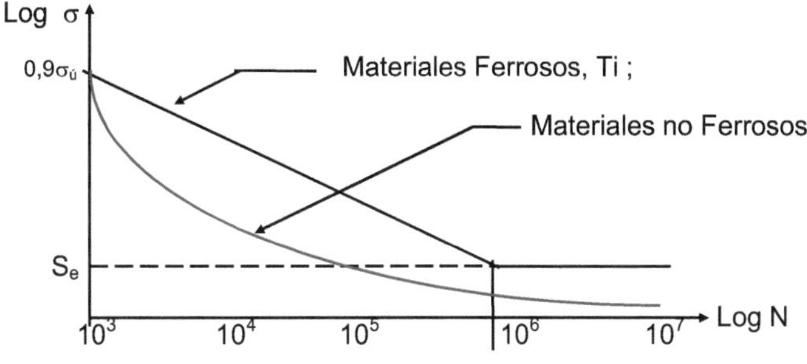

FIGURA 4.5. DIAGRAMA DE WÖHLER

Como se muestra en la figura 4.5, el titanio y las aleaciones ferrosas muestran un codo para N = 10^6 ciclos (algunos autores consideran 5 x 10^6, otros incluso 10^7 ciclos. La tensión que corresponde a este número de ciclos se denomina límite de fatiga, S_e, o límite de duración, y significa que las piezas que trabajen a una tensión menor que dicho límite tendrán vida infinita.

Se denomina resistencia a la fatiga, S_N, la resistencia que tiene el material para cualquier número de ciclos $N < 10^6$ ciclos.

En los materiales no ferrosos no se observa un límite de fatiga tan marcado, pero es común considerarlo en forma análoga al caso de los aceros, aún cuando algunos investigadores sugieren que debe considerarse N = 10^7 ciclos. Si no se cuenta con datos experimentales, el valor de S_e puede obtenerse de la tabla siguiente:

$$S_e = \begin{cases} 0{,}5\ \sigma_{ú} \text{ para aceros con } \sigma_{ú} \leq 14 \text{ MPa} \\ 7.000 \text{ Kg/cm}^2 \text{ para aceros con } \sigma_{ú} > 140 \text{ MPa} \\ 0{,}45\ \sigma_{ú} \text{ para aleaciones de Cu y Ni} \\ 0{,}38\ \sigma_{ú} \text{ para aleaciones de Al.} \end{cases}$$

El Límite de fatiga se ve afectado fuertemente por el acabado superficial, tamaño de la pieza, temperatura de servicio, concentradores de tensiones, etc., de modo que el límite de fatiga real, S_{er}, es sólo una fracción del límite teórico S_e.

4.5.4 PRUEBA DE TENACIDAD

La tenacidad es la capacidad de los materiales de absorber cargas de choque. En forma estática, según ya se ha indicado, puede determinarse calculando el área total bajo la curva tensión-deformación, pero estas condiciones no reproducen las exigencias y solicitaciones que se producen durante un impacto.

También se ha tenido en cuenta que los materiales que son dúctiles en condiciones normales de servicio (temperatura ambiente y presión normal), se comportan en forma frágil bajo ciertas condiciones de tensiones (tensiones triaxiales), bajas temperaturas o altas velocidades de deformación.

Para realizar este tipo de ensayo se utiliza un péndulo de Charpy (Figura 4.6) o Izod, los cuales golpean fuertemente una probeta entallada, midiéndose la energía absorbida por la probeta durante el impacto.

Este ensayo adquiere mayor importancia cuando se realiza a diferentes temperaturas, por debajo de la temperatura ambiente, debido a que a bajas temperaturas, especialmente los materiales con estructura BCC experimentan una transición dúctil-frágil, como se muestra en la figura 4.7.

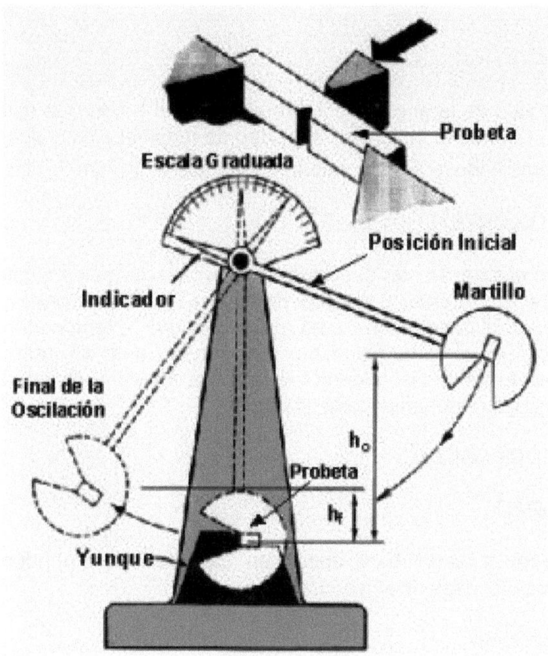

Figura 4.6 Péndulo de Charpy

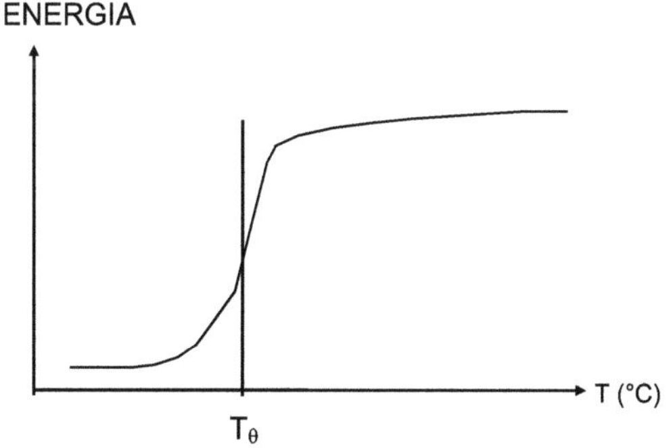

FIGURA 4.7. Diagrama Energía – Temperatura

donde, T_θ es la temperatura de transición dúctil-frágil.

En la actualidad, existe un nuevo tipo de ensayo en que se mide la tenacidad a la fractura, o fractotenacidad de los materiales, es decir, su resistencia a la propagación de las grietas, designándose como Factor de Intensidad de Tensiones, $\mathbf{K_I}$, a la relación:

$$K_I = \sigma_{fract}\sqrt{a\pi}$$

donde a es la longitud de la grieta si ésta se sitúa en un borde o la mitad de ella si se sitúa en el centro. Cuando el factor de intensidad de tensiones es crítico se le agrega el subíndice C, denominándose K_{IC}. Su unidad de medida es $Kg/cm^{3/2}$, o bien, MPa$\sqrt{m}$.

4.5.5 ENSAYO DE CREEP.

Sobre este tipo de ensayo se han dado extensas explicaciones en capítulos anteriores. No obstante, debe enfatizarse, que para predecir el comportamiento de piezas que deben trabajar períodos prolongados, o en forma continua, a temperaturas elevadas, es imprescindible conocer el comportamiento del material ante el creep. El ensayo de tracción es inútil en estos casos, y la información que éste proporciona puede conducir a errores gravísimos, que deben evitarse siempre.

4.5.6 OTRAS PROPIEDADES.

- SOLDABILIDAD.

Es la aptitud de un material para unirse en caliente con otro idéntico, utilizando cualesquiera de los procesos de soldadura.

- MAQUINABILIDAD.

Es la propiedad de un material que permite trabajarlo fácilmente con arranque de viruta (procesos de taladrado, torneado, fresado, cepillado, etc.).

- TEMPLABILIDAD.

Es la propiedad de un material de endurecerse mediante el tratamiento térmico del temple. La templabilidad se mide mediante el ensayo de Jominy; en general, mide la profundidad a la que puede penetrar el temple y no las máximas durezas que pueden lograrse en el tratamiento térmico.

- COLABILIDAD.

Es la mayor o menor fluidez de un material en estado líquido, lo que le permite llenar con facilidad los moldes para ser fundido o vaciado en lingoteras.

4.6 SELECCIÓN, PRESERVACION Y LIMPIEZA DE LAS SUPERFICIES DE FRACTURA

La adecuada selección, preservación y limpieza de las superficies de fractura es vital para prevenir que las evidencias de la falla sean destruidas o modificadas. Las superficies de fractura pueden sufrir daño mecánico o químico. El daño mecánico puede surgir de varias fuentes, incluyendo los golpes sobre la superficie de fractura por otros objetos; esto puede ocurrir durante el proceso mismo de fractura en servicio, o cuando el componente es removido o transportado para su análisis.

La superficie de fractura puede protegerse durante el transporte por una cubierta de paño o algodón, pero esto puede remover algunos materiales sueltos, los cuales, muchas veces, contienen las primeras pistas de la causa de la fractura. El contacto o rozamiento con los dedos de la superficie de fractura debe evitarse definitivamente. Tampoco debe intentarse ajustar unas junto a otras las partes de un componente fracturado, poniéndolas en contacto; esto generalmente ayuda poco y casi siempre causa daño a la superficie de fractura.

El daño químico a las muestras fracturadas puede prevenirse de varias formas. Por ejemplo, debido a que puede ser importante la identificación de material extraño presente sobre la superficie de fractura, algunos laboratorios prefieren no usar recubrimientos preventivos de la corrosión. Cuando es posible, es mejor secar la superficie usando aire seco.

Mientras sea posible, debe evitarse lavar la superficie de fractura con agua. Sin embargo, las muestras contaminadas con agua de mar o con fluidos extintores de fuego, requieren de un lavado con agua, seguido de un enjuague con acetona o alcohol. En general, las superficies de fractura sólo deben limpiarse cuando sea estrictamente necesario

Cuando se requiera cortar o seccionar una probeta, el área de la fractura debe protegerse cuidadosamente; esto incluye mantener seca la superficie, mientras ello sea posible.

4.7 EXAMEN MACROSCOPICO DE LAS SUPERFICIES DE FRACTURA

El examen detallado de las superficies de fractura en un rango de amplificación de 1 a 100X debe hacerse a ojo desnudo, con una lupa, o con un microscopio de baja potencia.

La cantidad de información que puede obtenerse de un examen macroscópico de la superficie de fractura es sorprendentemente grande. La consideración de la configuración de la superficie de fractura puede dar una indicación de los sistemas de tensiones que han producido la falla. También puede determinarse la dirección de crecimiento de la grieta y, por tanto, el origen de la falla.

El examen de la superficie de fractura revela regiones que tienen texturas diferentes a las de las regiones de la fractura final. Las fracturas por fatiga, tensocorrosión y la fragilización por hidrógeno muestran estas diferencias.

4.8 EXAMEN MICROSCOPICO DE LAS SUPERFICIES DE FRACTURA

El examen microscópico de las superficies de fractura, es lo que algunas veces se denomina microfractografía, cuya interpretación requiere de entrenamiento y de un buen nivel de comprensión de los diferentes mecanismos de fractura.

Los instrumentos más utilizados son el microscopio electrónico de transmisión (TEM), y el microscopio electrónico de barrido (SEM). Con cualquiera de ellos pueden alcanzarse aumentos superiores a 500.000X y un poder de resolución de unos 10 Angstroms. En la práctica de la fractografía, sin embargo, lo usual es trabajar con aumentos que no exceden a 30.000X.

4.9 SELECCIÓN Y PREPARACION DE MUESTRAS METALOGRAFICAS

El examen metalográfico, de superficies pulidas y atacadas, por microscopía óptica o electrónica, es una etapa vital en la investigación de una falla y, por tanto, debe efectuarse como un procedimiento de rutina. La observación metalográfica proporciona al investigador una buena indicación del material involucrado, si posee la microestructura deseada, los tratamientos térmicos a que ha sido sometido, etc.

Si existen anormalidades, estas no deben asociarse de inmediato con características indeseables que predispongan el componente a una falla prematura. Algunas veces es posible relacionar estas anomalías con una composición química inadecuada o a efectos de servicio, tal como el envejecimiento en los aceros de bajo carbono que produce la precipitación de nitruros de hierro.

La observación metalográfica permite revelar otros efectos de servicio tales como corrosión, oxidación, sobrecalentamientos y endurecimiento por deformación. Conocida su existencia debe investigarse su extensión. También se revelan las características de cualquier grieta que se encuentre presente, particularmente su forma de propagación proporciona información respecto a los factores responsables de su iniciación y desarrollo.

4.10 EXAMEN Y ANALISIS DE MUESTRAS METALOGRAFICAS

Análogamente con el ensayo de dureza y con el examen macroscópico, la observación metalográfica de superficies con un microscopio, es una práctica de rutina en el análisis de fallas, debido a la notable capacidad de la microscopía para revelar imperfecciones del material producidas durante el procesamiento, y de detectar una amplia variedad de condiciones de servicio, operativas y ambientales, que pueden haber contribuido a la falla. Inclusiones, segregación microestructural, descarburización, captación de carbono, tratamientos térmicos inadecuados, martensita no revenida y corrosión intergranular, son algunas de las imperfecciones metalúrgicas y condiciones indeseables que pueden ser detectadas y analizadas mediante el examen microscópico de muestras metalográficas.

Aún en ausencia de una imperfección metalúrgica específica, la observación de secciones metalográficas es de gran valor para el investigador en la medición de parámetros tales como profundidad de la capa cementada, espesor de recubrimientos electrolíticos, zona afectada térmicamente, cada uno de los cuales puede estar relacionado con la causa de falla.

Las secciones metalográficas como las de la Figura 4.8 también son útiles cuando se emplean técnicas metalográficas cuantitativas en el análisis de falla, tales como cuenta de puntos, análisis lineal o microanálisis, los cuales permiten determinar, entre otros, tamaño y forma del grano, orientación de los granos, si hay evidencia de anisotropía, tamaño y cantidad de las fases presentes, tamaño, cantidad y distribución de inclusiones, etc.

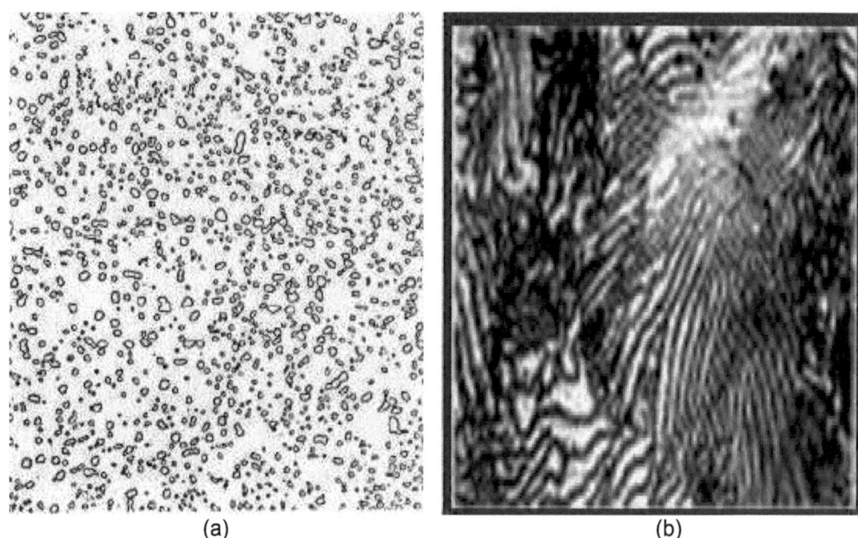

(a) (b)

Figura 4.8: a) Ferrita + Perlita; b) Perlita

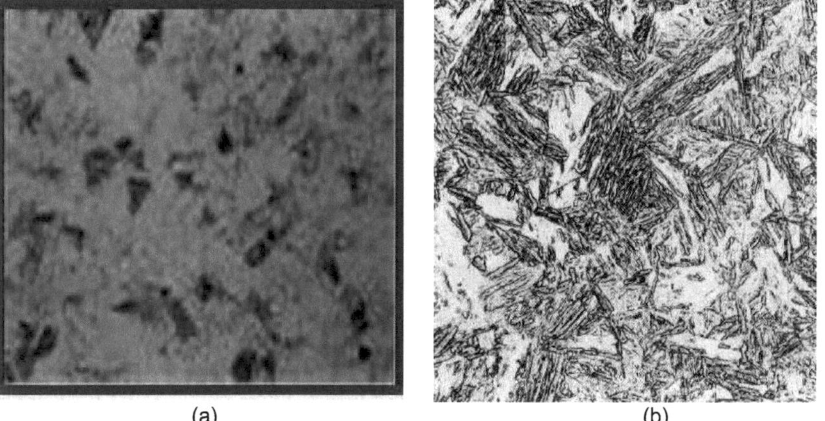

(a) (b)

Figura 4.9: a) Austenita; b) Martensita

4.11 ANALISIS QUIMICO

Este tema se encuentra suficientemente desarrollado en los capítulos anteriores. Sin embargo, vale la pena enfatizar, que, como forma de control, siempre es conveniente realizar un análisis químico para verificar las especificaciones del material. En otras situaciones, dependiendo del tipo de falla, habrá que analizar residuos, productos de corrosión, etc.

4.12 DETERMINACION DEL MECANISMO DE FALLA

Para determinar el mecanismo de falla que produce la fractura es necesario hacer uso de la información obtenida en el examen de la zona de falla, de la superficie de fractura y de muestras metalográficas. Adicionalmente, puede ser necesaria la información proveniente del análisis químico, ensayos no destructivos, ensayos mecánicos, pruebas de simulación, análisis de esfuerzos, mecánica de la fractura y toda información relevante que contribuya a establecer con precisión cuál fue el mecanismo que se activó para producir la falla.

4.13 ANALISIS DE ESFUERZOS Y DE MECANICA DE LA FRACTURA

El Análisis de esfuerzos debe concordar con la evidencia reunida hasta el momento, es decir, la región de la falla debe ser la zona con los esfuerzos más elevados, incluyendo el efecto de los concentradores de esfuerzos, o con una menor sección transversal, con un material más débil, etc.

La aplicación del análisis de la Mecánica de la Fractura a componentes metálicos y probetas bajo carga, y el uso de estos conceptos al diseño y a la predicción de la vida en servicio, de piezas y componentes, es pertinente, tanto con la investigación de fallas debido a fracturas, como con la formulación de medidas correctivas para prevenir fallas similares. Los conceptos de la mecánica de la fractura son útiles para medir la tenacidad a la fractura y otros parámetros relacionados con la tenacidad (tamaño de grieta crítico, por ejemplo), y en suministrar un marco cuantitativo para evaluar la confiabilidad estructural.

4.14 ENSAYOS BAJO CONDICIONES DE SERVICIO SIMULADAS

Es muy frecuente que durante las etapas finales de una investigación, la importancia del caso en estudio puede hacer necesario realizar ensayos de laboratorio que intenten simular las condiciones de servicio bajo las cuales se supone que ha ocurrido la falla, generalmente sobre modelos a escala.

Muchas veces no es practicable un ensayo con condiciones de servicio simuladas, debido a que el equipamiento que se necesita puede ser muy sofisticado o de alto costo, o ambos, y aún cuando es practicable, es posible que no todas las condiciones de servicio sean totalmente conocidas o bien entendidas. Por ejemplo, las fallas producidas por corrosión son muy difíciles de reproducir en laboratorio, y la experiencia nos muestra que muchos intentos por reproducirlos han conducido a resultados erróneos; pueden surgir serios errores cuando se hacen intentos para reducir el tiempo requerido para un ensayo, mediante el aumento artificial de alguno de los factores, tales como el medio corrosivo, la temperatura o la carga de operación.

Por otra parte, cuando las limitaciones están claramente comprendidas, los ensayos que simulan los efectos de ciertas variables seleccionadas, encontradas en el servicio, pueden ser de ayuda para planificar acciones correctivas que eviten fallas similares o, por lo menos, aumenten la vida en servicio del componente.

Tomado simplemente, la mayoría de los fenómenos metalúrgicos involucrados en procesos de falla, pueden reproducirse satisfactoriamente a escala de laboratorio, y la información derivada de tales experimentos puede ser de gran ayuda para el investigador, suponiendo que las limitaciones de los ensayos están totalmente identificadas.

4.15 ANALISIS DE EVIDENCIAS Y CONCLUSIONES

En toda investigación existe una etapa en que la evidencia revelada por los exámenes y ensayos que se han descritos en los párrafos anteriores, debe ser reunida y analizada, y formularse las conclusiones preliminares. Naturalmente, muchas investigaciones no incluyen todas las etapas. Si la causa probable de falla es evidente en las primeras etapas de la investigación, la forma y extensión de la investigación posterior debe orientarse hacia la confirmación de la causa probable y a la eliminación de otras posibilidades. Otras investigaciones seguirán una serie lógica de pasos, y al término de cada etapa se deberá determinar la forma en que proseguirá la investigación. Si aparecen nuevos hechos que modifiquen la primera impresión, deberán desarrollarse diferentes hipótesis respecto a la causa de la falla, las cuales serán continuadas o abandonadas, según lo determine el analista. Cuando el investigador dispone de amplias facilidades de laboratorio, debe dedicarse el máximo esfuerzo para acumular los resultados de los ensayos mecánicos, análisis químico, fractografía y microscopía, antes de intentar la formulación de conclusiones preliminares. Finalmente, en aquellas investigaciones en que la causa de falla es muy difícil de determinar, puede ser conveniente realizar una investigación sobre informes publicados de casos similares, los cuales pueden sugerir algunas pistas al respecto.

Algunos de los trabajos realizados durante el curso de una investigación, en principio puede pensarse que son innecesarios. Es importante, sin embargo, distinguir entre el trabajo que es innecesario y aquel en que los resultados no son totalmente fructíferos. Durante una investigación siempre debe esperarse que algunos de los trabajos no ayudan directamente en la determinación de la causa de falla; no obstante, alguna evidencia "negativa" puede ser de ayuda para despejar o desechar alguna causa de falla a partir de alguna consideración determinada.

Por otra parte, debe evitarse toda tendencia de intentar acertar el trabajo esencial para la investigación. En algunos casos es posible formarse una opinión con respecto a la causa de falla a partir de un aspecto simple de la investigación, tal como un examen visual de una superficie de fractura, o la observación metalográfica de una superficie. Sin embargo, antes de sacar las conclusiones finales, debe buscarse la mayor cantidad de antecedentes complementarios que confirmen la opinión original. La dependencia absoluta de las conclusiones que pueden sacarse de una simple muestra, tal como una sección metalográfica, puede ser un gran desafío y correrse un riesgo enorme, a menos que la historia de una falla similar permita sacar tales conclusiones.

La siguiente lista de verificación, la cual se presenta en la forma de una serie de preguntas, ha sido propuesta como una ayuda para analizar las evidencias obtenidas de los exámenes, observaciones y ensayos para la formulación de conclusiones. Las preguntas también son de utilidad para llamar la atención sobre detalles de la investigación que pueden haber sido descuidados.

- ¿Ha sido bien establecida la secuencia de la falla?
- Si la falla involucra agrietamiento o fractura, ¿se ha determinado el lugar de inicio?
- ¿Las grietas se inician en la superficie o por debajo de ella?
- El agrietamiento fue asociado con un concentrador de tensiones?
- ¿Qué longitud tenía la grieta principal?
- ¿Cuál fue la intensidad de la carga en el instante de la falla?
- ¿De qué tipo fue la carga: estática, de impacto cíclica, intermitente, fluctuante?
- ¿Cómo estaban orientadas las tensiones?
- ¿Cuál fue el mecanismo de falla?
- ¿Cuál fue la temperatura de servicio en el instante de la falla?
- ¿La temperatura contribuyó a la falla?
- ¿El desgaste contribuyó a la falla?
- ¿La corrosión contribuyó a la falla? ¿Qué tipo de corrosión?
- ¿El material usado fue el adecuado? ¿Se requiere un material mejor?
- ¿La sección transversal es adecuada para el tipo de servicio?
- ¿La calidad del material es aceptable de acuerdo con las especificaciones?
- ¿El componente fallado tuvo el tratamiento térmico adecuado?
- ¿El componente que falló fue fabricado adecuadamente?
- ¿El componente fue ensamblado o instalado adecuadamente?
- ¿El componente fue asentado adecuadamente?
- ¿El componente fue mantenido adecuadamente? ¿Adecuadamente lubricado?
- ¿El componente fue reparado durante el servicio, y si lo fue, fue reparado correctamente?
- ¿La falla está relacionada con excesos en servicio? ¿Qué tipo de excesos: cargas, velocidades, temperaturas?
- ¿El diseño del componente puede ser mejorado para prevenir fallas similares?
- ¿Pueden ocurrir fallas semejantes en componentes similares actualmente en servicio? ¿Qué puede hacerse para prevenir sus fallas?
- ¿Existen manuales de operación del equipo?
- ¿Existen Planes de Mantenimiento globales de la empresa? ¿Se aplican en forma rigurosa?
- ¿Existen Planes de Mantenimiento específicos para equipos críticos?
- ¿Los operadores están familiarizados con los manuales de operación?
- ¿Los operadores cumplen estrictamente las instrucciones contenidas en los manuales? ¿Existen excepciones? ¿Cuáles? ¿Cuándo?
- ¿Los equipos son operados solamente por personal entrenado adecuadamente? ¿Existen excepciones? ¿Cuáles?

En general, las respuestas a estas preguntas serán obtenidas desde una combinación de registros y de los exámenes y ensayos ya detallados. Sin embargo, la causa o las causas de falla no siempre pueden ser determinadas con certeza. En este caso, la investigación deberá determinar la causa o causas más probables de la falla, distinguiéndose las conclusiones que están basadas en hechos reales de las que están basadas sobre conjeturas.

4.16 INFORME FINAL

El informe final de un análisis de falla debe redactarse en forma clara concisa y lógica. Un experimentado investigador propone que el informe final se divida en las siguientes secciones principales:

(a) Descripción del componente fallado.
(b) Condiciones de servicio en el instante de la falla.
(c) Historia de servicio antes de la falla.
(d) Historia de la fabricación y procesamiento del componente.
(e) Estudio mecánico y metalúrgico de la falla.
(f) Evaluación de la calidad metalúrgica del componente.
(g) Resumen de los mecanismos que han provocado la falla.
(h) Recomendaciones para la prevención de fallas similares o para la corrección de componentes similares actualmente en servicio.

Naturalmente que no todos los informes deben cubrir todas y cada una de estas secciones. Los informes demasiado extensos deben comenzar con un resumen. Teniendo en cuenta que los lectores de los informes de análisis de falla, generalmente son compradores o personal de operación o de contabilidad, mientras sea posible, es conveniente evitar el lenguaje excesivamente técnico. Incluir un glosario de términos puede ser de gran ayuda. El uso de apéndices conteniendo cálculos detallados, gráficos, ecuaciones y tablas de datos mecánicos, químicos y metalúrgicos, puede servir para mantener el cuerpo central del informe en forma clara y ordenada. Siempre es conveniente incluir referencias bibliográficas.

CAPITULO 5

ANALISIS DE CASOS

CASO 1: Falla de eje de polea motriz de correa transportadora

1.1. Descripción:

Una empresa minera de la Región de Antofagasta envió a laboratorio muestras de un eje fracturado para ser sometido a un Análisis de Falla. En la Fig. 1 se muestra una foto del eje fracturado.

Figura 1. Eje fracturado. (a) Eje; (b) Machón

1.2. Antecedentes:

Diámetro extremo derecho eje (según plano), mm	:	180
Diámetro eje en rodamientos, mm	:	201,6
Diámetro eje interior polea según plano, mm	:	254
Largo voladizo, mm	:	611
Potencia nominal motor, kW, [HP]	:	650 [867]
Tensión 1 en correa, kN	:	151,2
Tensión 2 en correa, kN	:	71,6
Largo del eje, mm	:	3322
Material del eje	:	AISI/4140
Velocidad Polea	:	96 rpm
Peso de la polea	:	2336 kgf
Peso del eje	:	1300 kgf

En la figura 2 se muestra la superficie de fractura, en la que se observan marcas de playa (flechas rojas), típicas de la falla por fatiga, y encerrado en un círculo rojo, la zona de fractura frágil, áspera y granular, en la última etapa de la fractura.

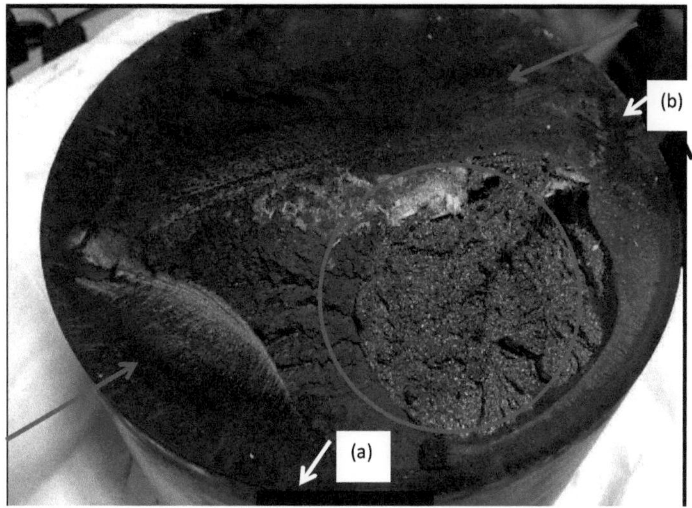

Fig. 2. Superficie de fractura, mostrando dos orígenes de fractura por fatiga (a y b), y la fractura frágil final (círculo rojo).

En la fotografía de la fig. 3 se muestra una ampliación de la zona (a) de la figura 2, en la que se observan marcas de playa, típicas de la fractura por fatiga.

Figura 3. Ampliación zona (a) en la figura 2, mostrando las marcas de playa producidas por fatiga.

1.3 Análisis de esfuerzos

En la figura 4 se muestra la disposición general del sistema motor-reductor-polea, mientras que la fig. 5 muestra un diagrama de cuerpo libre del eje de la polea motriz (sin escala), en condiciones normales de operación, el cual muestra que la zona de fractura está sometida solamente a torsión, más los efectos del peso propio, que pueden considerarse irrelevantes. Es decir que bajo estas condiciones, no hay ninguna probabilidad de que el eje falle por fatiga.

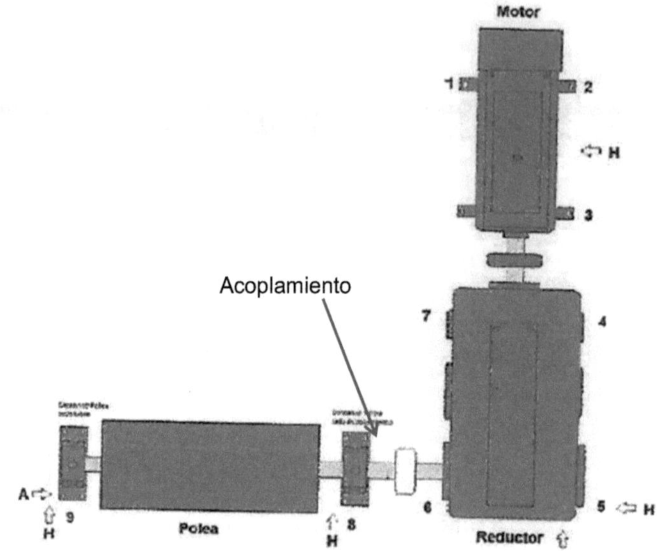

Fig. 4. Disposición general del sistema

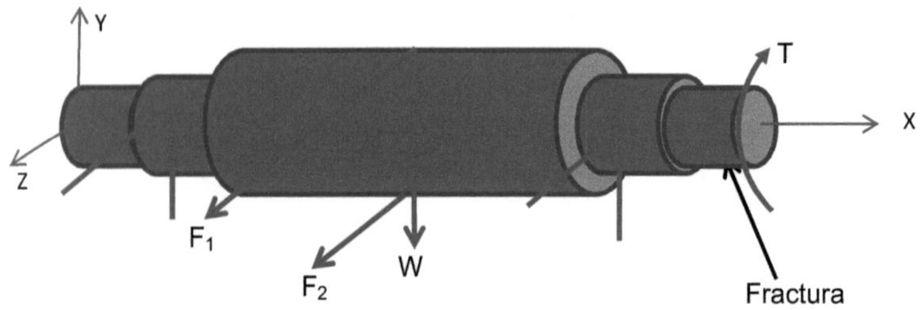

Fig. 5. Fuerzas y momentos que actúan sobre eje de la polea motriz

Torque T: Se calculará el torque con la máxima potencia (650 kW = 867 HP).

$$T = \frac{71.620 \times Pot}{rpm} = \frac{71.620 \times 867}{96} = 646.818{,}13\ kg - cm$$

En la partida, se alcanza un sobre-torque de 55% por lo que el torque de partida es T' = 1.002.568 kg-cm.

Los esfuerzos de corte por torsión, en ambas situaciones son:

$$\tau_T = \frac{T\times\frac{D}{2}}{\frac{\pi}{32}D^4} = \frac{16\times 646.818,13}{\pi\times(18)^3} = 564,85\ kg/cm^2; \qquad \tau'_T = 1,55\tau' = 875,5\ \text{kg/cm}^2.$$

El peso del muñón es:

$$W = AL\rho = \frac{\pi}{4}\times(1,8)^2\times 1,5\times 7,85\ \approx 30\ kgf$$

El esfuerzo de corte directo es:

$$\tau_D = \frac{W}{A} = \frac{30}{\frac{\pi}{4}\times(18)^2} = 0,12\ kg/cm^2\ \text{(despreciable)}$$

Se aprecia que este esfuerzo es insignificante comparado con el esfuerzo de corte producido por torsión, por lo que se redondearán a los siguientes:

$$\tau_T = 565\ kg/cm^2 \qquad\qquad \tau'_T = 1,55\tau' = 876\ \text{kg/cm}^2$$

Esfuerzo de flexión:

$$\sigma = \frac{M\times\frac{D}{2}}{\frac{\pi}{64}D^4} = \frac{32\times 30\times 15}{\pi\times(18)^3} = 0,8\ kg/cm^2$$

En operación normal, el esfuerzo combinado de Von Mises es:

$$\sigma' = \sqrt{(\sigma)^2 + 3\tau^2} \quad = \sqrt{(0,8)^2 + 3\times(565)^2} = 978,6 \qquad kg/cm^2$$

En la partida, el esfuerzo combinado de Von Mises es:

$$\sigma' = \sqrt{(\sigma)^2 + 3\tau^2} \quad = \sqrt{(0,8)^2 + 3\times(876)^2} = 1.517,3 \qquad kg/cm^2$$

Si consideramos las propiedades mínimas del acero AISI/SAE 4140 que se muestran en la Tabla 1, se observa que la tensión de fluencia es de 60 kg/mm^2 = 6.000 kg/cm^2. **Por lo tanto, se descarta absolutamente la posibilidad de falla por fluencia, incluso con el sobre-torque de partida.**

Tabla 1. Propiedades acero AISI/SAE 4140

Composición Química						
%C	%Mn	%Si	%Cr	%Mo	%P	%S
0,38-0,43	0,75-1,00	0,15-0,35	0,80-1,10	0,15-0,25	≤ 0,035	≤ 0,04

Propiedades Mecánicas Acero Bonificado (Valores Típicos)			
Dureza Estado Bonificado (HRc)	Esfuerzo Fluencia (Kg/mm²)	Esfuerzo Tracción (Kg/mm²)	Elongación %
28-34	60-74	95-105	10-18

En la figura 5 se muestra el diagrama de Momento flector en condiciones normales.

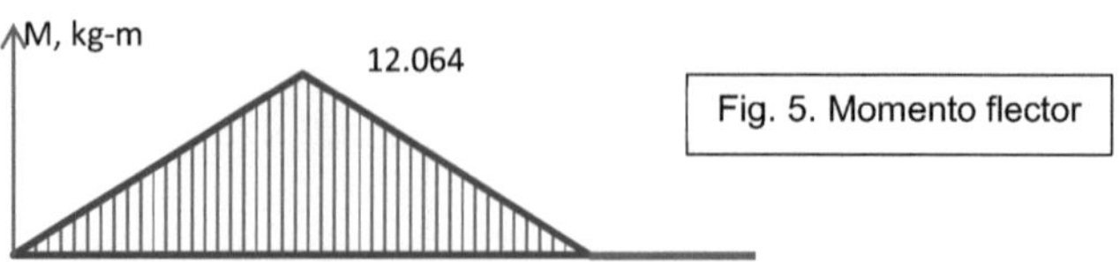

Fig. 5. Momento flector

Este Momento flector produce un esfuerzo de flexión máximo en el punto medio de eje de 787 kg/cm^2. Combinando con el esfuerzo de torsión:

$$\sigma' = \sqrt{(\sigma)^2 + 3\tau^2} \quad = \sqrt{(787)^2 + 3 \times (876)^2} = 1.709{,}3 \qquad kg/cm^2$$

Teniendo a la vista los resultados anteriores es necesario buscar otra razón que explique la fractura por fatiga en el acoplamiento polea – reductor. Un par de meses antes de la falla se midieron vibraciones en el eje, de 11,55 mm/s en el apoyo izquierdo de la polea y de 7,7 mm/s en el apoyo derecho, inmediato al lugar de la fractura. Con estas vibraciones se obtiene una amplitud de vibración de 4,8 mm en el apoyo derecho (cercano a la fractura) y de 7,2 mm en el apoyo izquierdo, lo que originó que el eje prácticamente "quedara colgando" del acoplamiento debido al desalineamiento entre ambos apoyos y el acoplamiento.

En la fig. 5 se muestra un plano para localizar eje montado en la polea y la localización de la fractura; mientras que la figura 6 muestra un diagrama de cuerpo libre del eje con las cargas generadas por el desalineamiento. Con línea roja, en parte superior, con dimensiones exageradas, se muestra la forma que podría adquirir el eje.

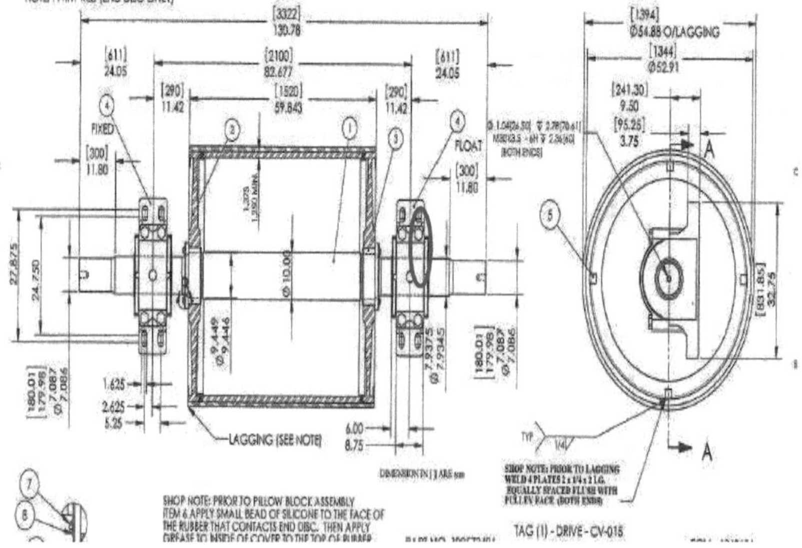

Fig. 5. Plano de polea y eje, mostrando zona de la fractura

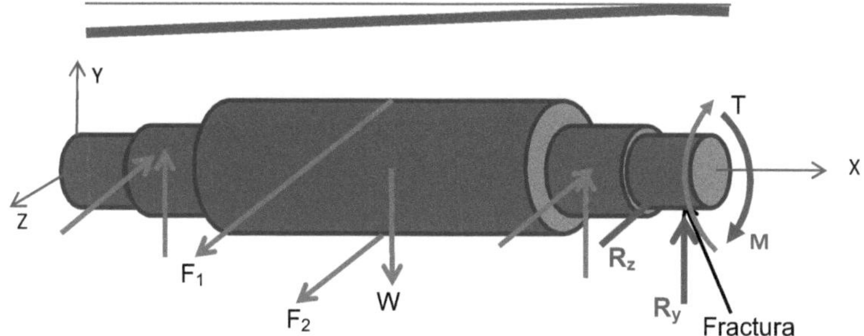

Fig. 6. Cargas generadas por el desalineamiento

El desalineamiento provoca dos reacciones R_z y R_y, horizontal y vertical, respectivamente, y un momento flector M, justo en el lugar de la fractura, inexistentes antes del desalineamiento. Esto conduce a una reacción resultante en el acoplamiento R = 17.400 kgf y un Momento flector resultante M = 3.600 kg – cm. Estas cargas sumadas a la inclinación del eje provocan dos mordeduras en el eje (Fig. 7) cuyo resultado es generar un concentrador de esfuerzos de aproximadamente $k_t = 2$ (Fig. 8) y una disminución de la sección transversal.

Fig. 7. Mordedura y grieta en eje

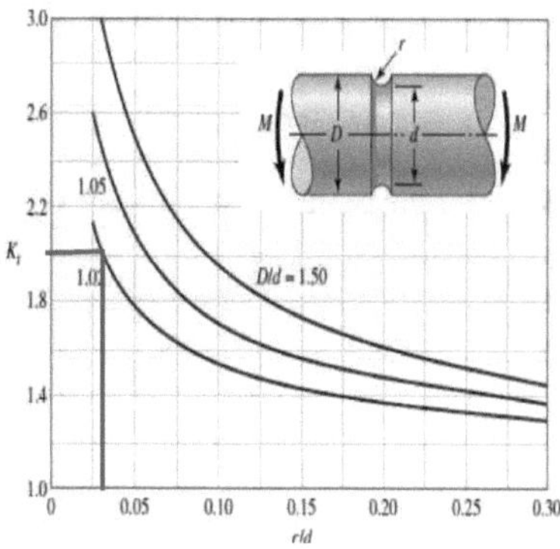

Fig. 8. Concentrador de tensiones

Como resultado del desalineamiento se produce una redistribución de los momentos flectores, como se muestra en la figura 9, en la cual se ha superpuesto, con línea azul, el diagrama de momentos de la figura 5.

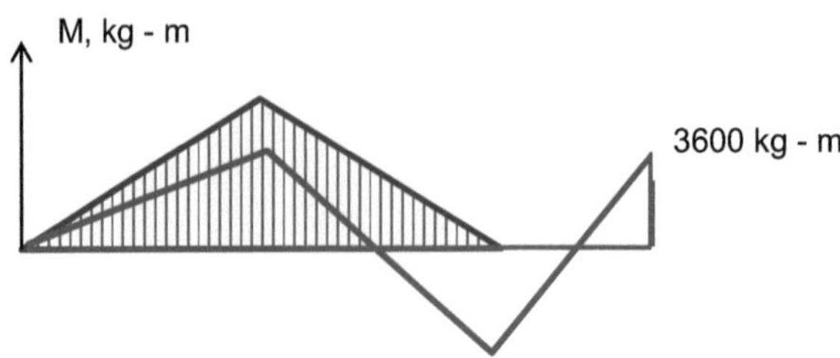

Fig. 9. Diagrama de momentos antes (línea azul) y después del desalineamiento

Los momentos de inercia y módulos resistentes en la zona media y en el coplamineto se indican a continuación:

Zona media	Acoplamiento
I_m = 19.175 cm^4	I_a = 5.152 cm^4
W_m = 1534 cm^3	W_a = 572,6 cm^3

Con estos valores el esfuerzo de flexión en el acoplamiento (amplitud del esfuerzo de fatiga), incluyendo el concentrador de esfuerzos, resulta ser:

$$\sigma = 2 \times \frac{3.600 \times 100}{572,6} = 1.257\ kg/cm^2$$

El esfuerzo generado por la torsión ya fue calculado como 876 kg/cm^2, por lo que el esfuerzo medio es:

$$\sigma'_m = \sqrt{3} \times 876 = 1517,3\ kg/cm^2$$

Pendiente de la línea de carga en el diagrama de Goodman:

$$tg\alpha = \frac{1257}{1517,3} = 0,828; \qquad \alpha = 39,64°$$

Se estima un límite de fatiga de 0,2UTS = 0,16 x 9.500 = 1.520 kg/cm^2 (k_a = 0,6; k_b = 0,6; k_c = 0,9). Con estos valores se construye el diagrama de Goodman (Fig. 10):

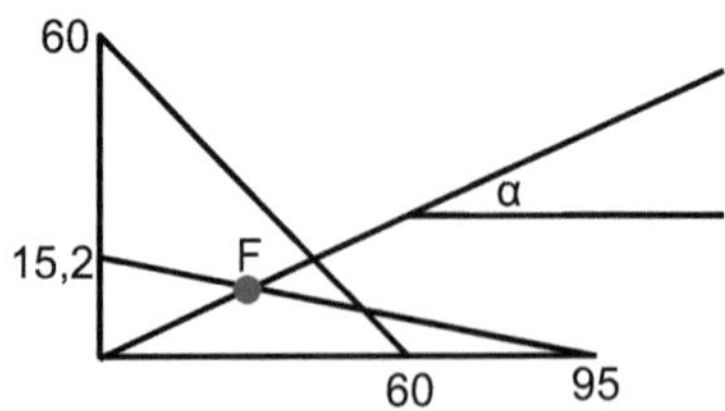

Fig. 10. Diagrama de Goodman

A partir del diagrama de Goodman se determinan las coordenadas del punto de falla, F, que es la intersección de las dos rectas. Usando coordenadas x e y:

$y = 0{,}828x = 15{,}2 - \frac{15{,}2}{95}x;$ x = $(\sigma_m)_{falla}$ = 15,4 kg/mm^2

y = $(\sigma_a)_{falla}$ = 12,7 kg/mm^2

Por lo tanto, siendo la amplitud del esfuerzo 12,6 kg/mm^2, es suficiente cualquier sobrecarga o que alguna de las variables haya sido ligeramente subestimada, para explicar la falla por fatiga en el sector del acoplamiento.

1.4. CONCLUSION

El eje de la polea motriz se fracturó por fatiga de altos ciclos en la región del acoplamiento, siendo la causa de esta fractura, el desalineamiento del eje de la polea con respecto al eje del reductor. Este desalineamiento se produjo debido a que se disminuyó la rigidez de la estructura soporte de ambos descansos, sin ningún cálculo previo que respaldara esta modificación.

1.5. RECOMENDACIONES

- Es conveniente volver al diseño original de la estructura, mejorando la rigidez de ella mediante el empleo de barras transversales y de escuadras atiesadoras.
- Se debe mantener monitoreo frecuente de las vibraciones de todo el sistema motor – reductor – polea motriz.
- Se debe mantener monitoreo frecuente del alineamiento de todo el sistema motor – reductor – polea motriz.
- Se deben tomar acciones correctivas en tanto se detecten anomalías, ya sea en el alineamiento o en la vibraciones.

CASO 2: Análisis de Fallas de tubo que se muestra en la figura 2.1

Figura 2.1. Muestra de tubo fallado

Figura 2.2. Localización de flange y tubo

2.1. Descripción del problema

En la figura 2.3 se muestra una zona fuertemente corroída, que se localiza a lo largo del cordón de soldadura que une el flange con el tubo. La corrosión avanza principalmente hacia la zona del tubo.

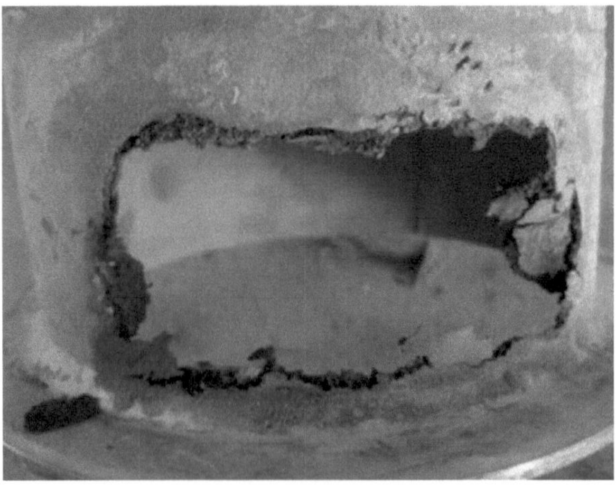

Fig. 2.3. Corrosión aledaña al cordón de soldadura de unión tubo – flange

2.2. COMPOSICIÓN QUÍMICA

Se hizo análisis químico a muestras del tubo y del flange (stub end), según se muestra en la figura 2. Se usó un espectrómetro de emisión óptica modelo SPECTRO. Los resultados se muestran en la Tabla 2.1 para el Tubo y para el flange, comparándolos con las especificaciones de la Norma SAE.

TABLA 2.1. Composición química flange y tubo

ELEMENTO	FLANGE	SAE/AISI 316	TUBO	SAE/AISI 316L
Carbono	0,0453	< 0,08	0,0209	< 0,03
Silicio	0,666	< 1,0	0,656	< 1,0
Manganeso	1,48	< 2,0	0,899	< 2,0
Fósforo	0,0343	< 0,045	0,0326	< 0,045
Azufre	0,0156	< 0,030	< 0,01	< 0,030
Cromo	16,95	16,0 – 18,0	16,31	16,0 – 18,0
Molibdeno	2,54	2,0 – 3,0	2,02	2,0 – 3,0
Níquel	10,83	10,0 – 14,0	10,76	10,0 – 14,0 (*)
Aluminio	0,00753	---	0,0063	---
Cobalto	0,142	---	0,234	---
Cobre	0,492	---	0,19	---
Niobio	0,0107	---	0,0107	---
Titanio	0,0295	---	0,00463	---
Vanadio	0,0617	---	0,0832	---
Tungsteno	0,0337	---	0,0313	---
Plomo	< 0,005	---	< 0,005	---
Estaño	0,00934	---	0,00653	---
Boro	0,00209	---	0,00086	---
Hierro	66,66	Resto	68,74	Resto

La observación de la Tabla 2.1 permite concluir la siguiente clasificación de los materiales:

Material del Flange : SAE/AISI 316
Material del Tubo : SAE/AISI 316L

Ambos son aceros inoxidables austeníticos. Debe ponerse énfasis en que la diferencia más importante entre ambos está en el contenido de carbono; el material del flange (stub end) tiene más del doble de carbono que el material del tubo, lo cual, cuando se aplica en situaciones en que debe ser soldado, puede traer consecuencias que conducen a la falla por corrosión intergranular, como se verá más adelante.

2.3. ANALISIS MACROSCOPICO

El tubo muestra dos cordones de soldadura, de fábrica, en los que no hay vestigio alguno de daño por corrosión. En la figura 2.1 se muestra un cordón longitudinal, marcado por CL. En la figura 2.4 se muestra un cordón circunferencial, marcado como CC, en el que tampoco hay evidencia de corrosión.

Figura 2.4. Cordón circunferencial de soldadura, de fábrica.

2.4. ANALISIS MICROSCOPICO

La figura 2.5 es una micrografía tomada a una sección longitudinal del tubo. Se aprecian granos alargados en la dirección longitudinal, originados por el proceso de conformado. También se observa una línea oscura de precipitados de impurezas.

Figura 2.5. Micrografía longitudinal Tubo. 500X

La figura 2.6 muestra una micrografía de la sección transversal del tubo. Se observan granos mucho menos deformados que en la sección longitudinal; los precipitados de impurezas están mejor distribuidos que en la sección longitudinal. La observación ratifica que el tubo fue fabricado mediante soldadura de plancha de acero inoxidable austenítico (316L, de acuerdo a la composición química).

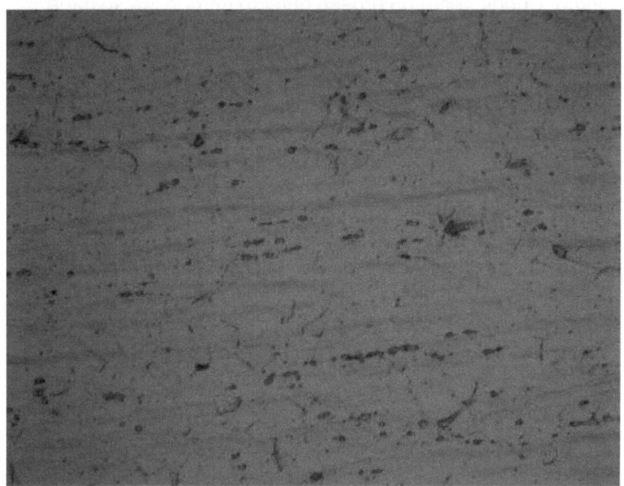

Figura 2.6. Micrografía sección transversal Tubo. 500X

Figura 2.7. Micrografía Flange. 1000X

La figura 2.7 muestra una micrografía del flange. Se aprecian grandes precipitados de cobre, lo que es ratificado en la composición química donde se lee un 0,492% de cobre. Este elemento se agrega para mejorar la resistencia al pitting de compuestos haluros (compuestos de Fluor, Cloro, Bromo, Yodo), y la resistencia a la oxidación.

La figura 2.8 muestra una micrografía de la interfaz metal base/soldadura, en una zona sana de este último. Puede verse un grueso defecto en la zona soldada.

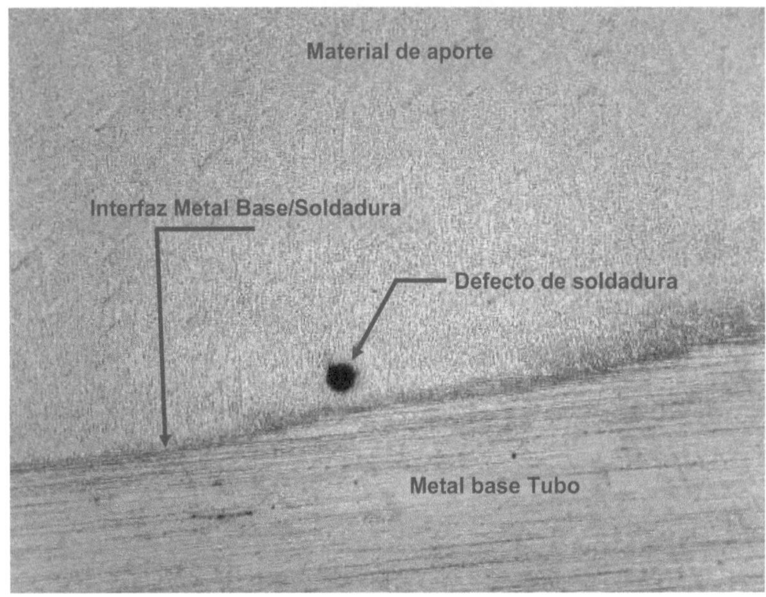

Figura 2.8. Micrografía interfaz Metal Base/Soldadura. 50X

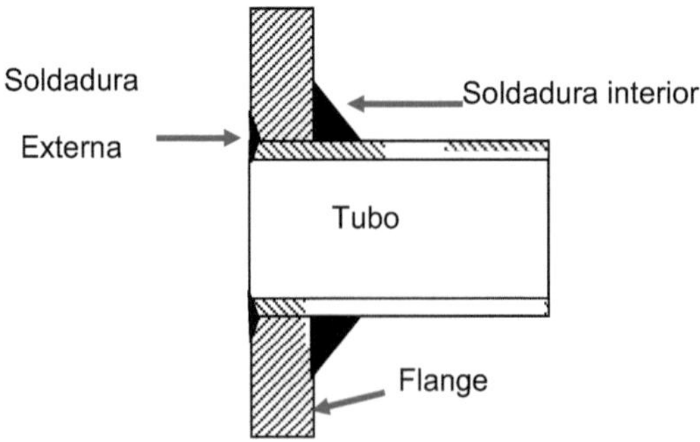

Figura 2.9. Diagrama de soldadura Tubo/Flange

La figura 2.9 muestra un diagrama de la forma en que se soldó el flange al tubo. Puede observarse un cordón de filete en el lado interior, y un cordón a tope, con un bisel preparatorio previo. La figura 2.10 muestra un zoom del cordón exterior, visto con 50 aumentos; se aprecia la nula penetración de la soldadura y el deterioro por corrosión en la interfaz entre el tubo y el flange

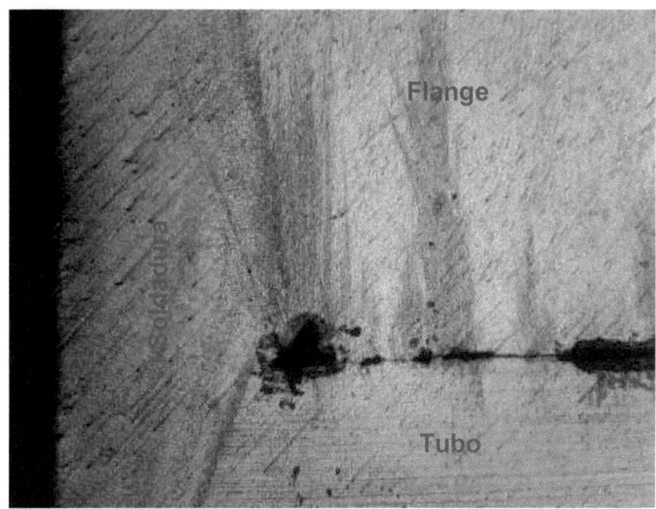

Figura 2.10. Cordón Exterior. 50X

Figura 2.11. Pitting en el flange

Figura 2.12. Pitting en el flange

Las figuras 2.11 y 2,12 muestran aspectos del flange el cual muestra severo ataque por pitting.

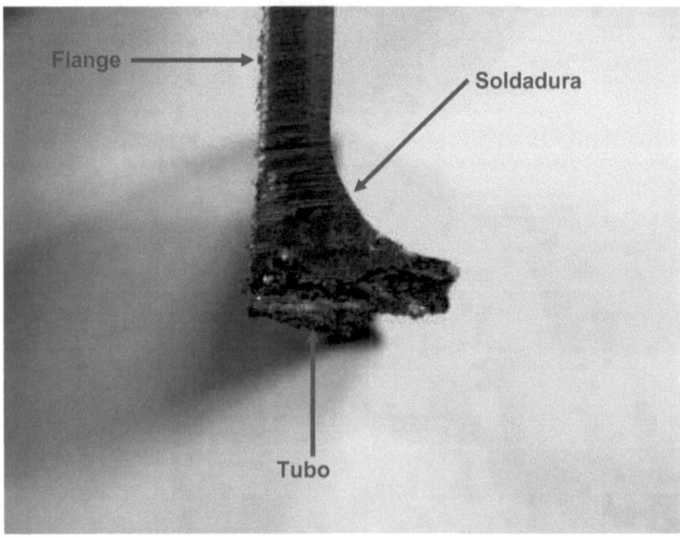

Figura 2.13. Corrosión en unión tubo – flange

La figura 2.13 muestra el deterioro producido por la corrosión. Se aprecia la forma en que la corrosión avanza entre el tubo y el flange "a través del cordón de soldadura".

Figura 2.14. Interfaz de soldadura vista en una lupa

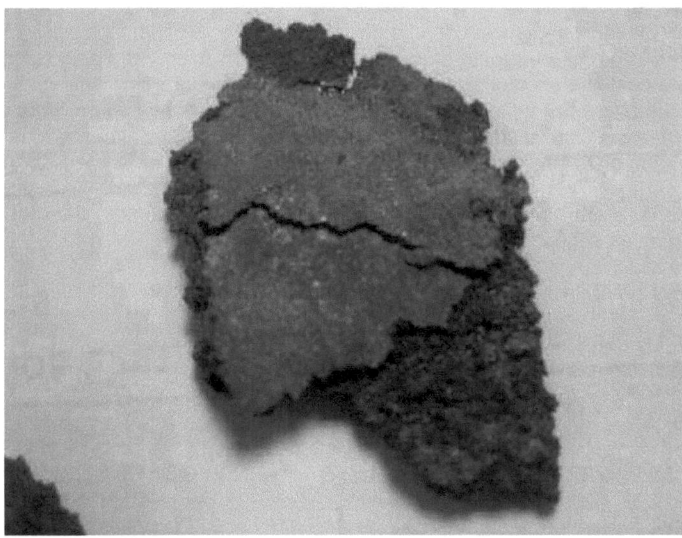

Figura 2.15. Interfaz vista al microscopio óptico

2.5. COMPOSICION SOLUCION

Según la información entregada por el cliente, la solución que conduce esta tubería tiene las siguientes características:

- Temperatura media de operación : 43ºC
- Componentes (promedio)
  * Cobre : 44 gr/litro
  * Cloruros : 38 ppm
  * Acido . 186 gr/litro

2.6. CAUSAS PROBABLES DE FALLA

En los párrafos siguientes se describen las causas probables de falla.

2.6.1 Corrosión Galvánica: Se produce cuando dos materiales diferentes están en contacto eléctrico en un medio corrosivo. En el caso en estudio, el material del tubo es SAE 316L mientras que el material del flange es SAE 316; el electrolito, en teoría no está en contacto con el flange, sin embargo, en la realidad, hay filtraciones y salpicaduras que hacen el puente con el electrolito. Por lo tanto, es posible que se produzca corrosión galvánica.

2.6.2 Pitting (Picadura): Es un ataque altamente localizado que puede producir la penetración total de un acero inoxidable, con pérdida de peso que puede pasar inadvertida. El pitting se asocia con una discontinuidad local de la capa pasiva del acero inoxidable. El cloro es el agente más común para la iniciación del pitting (en este caso el electrolito contiene un promedio cercano a 38 ppm de cloruros). Una vez que se ha formado un agujero por pitting, puede transformarse en una hendidura, la que hace el ambiente corrosivo localizado en torno al agujero, sea sustancialmente más agresivo que el volumen global.

Por otra parte, existe un índice llamado PREN (Pitting Resistance Equivalent Number) que se determina según la siguiente relación:

$$PREN = \%Cr + 0{,}33\%Mo + 16\%N$$

Si usamos los datos reales de las muestras consignados en la Tabla 2.1, se obtienen los valores siguientes para el PREN.

Para el flange:

$$PREN = 16{,}95 + 0{,}33 \times 2{,}54 = 25{,}332$$

Para el Tubo:

$$PREN = 16{,}31 + 0{,}33 \times 2{,}02 = 22{,}976$$

Es decir, casi sorprendentemente, el acero SAE 316 del flange posee mayor resistencia al pitting que el acero SAE 316L del tubo. Esto podría explicar que aunque el flange muestra picaduras, como se aprecian en las fotos de las figuras 2.11 y 2.12, la propagación de la corrosión se haya producido hacia el tubo.

2.6.3. Corrosión en hendiduras (Corrosion crevice): Esta forma de corrosión se puede considerar como una forma menos severa del pitting. Cualquier ranura, hendidura, o grieta, ya sea el resultado de una unión metal – metal, empaquetadura, suciedad u otro, tienden a restringir el acceso al oxígeno, dando origen al ataque del acero. La temperatura suele aumentar la agresividad del medio corrosivo.

En la foto de la figura 2.10 se muestra la unión del tubo con el flange y puede apreciarse claramente esta forma de corrosión en esta zona.

2.6.4 Corrosión Intergranular: Es un ataque preferencial en los bordes de grano que se produce cuando algunos aceros inoxidables austeníticos permanecen durante algún tiempo en el rango de temperaturas entre 450º y 850º. Esto ocurre en este caso durante el proceso de soldadura. Debe destacarse que el acero SAE 316L, debido a la baja cantidad de carbono no es sensible a este proceso de sensibilización, pero sí lo es el acero SAE 316. Debido a que no hay claridad acerca del material de aporte usado (que pudo ser 316 ó 316L), esto también pudo aportar a la corrosión.

TABLA 2.2. MATERIAL DE APORTE

ELEMENTO	AWS E - 316-16	AWS E - 316L-16
Carbono	0,07	0,03
Silicio	0,55	0,8
Manganeso	0,95	1,0
Fósforo	0,02	0,02
Azufre	0,02	0,02
Cromo	18,7	18,5
Molibdeno	2,25	2,25
Níquel	13,0	13,0

Puede apreciarse en la Tabla 2.2 que la diferencia importante en la composición química de ambos materiales de aporte radica en el carbono. El contenido de 0,07% de carbono en el electrodo AWS E – 316 – 16, lo hace ser susceptible a la corrosión intergranular, lo que no ocurre con el electrodo AWS – E -316L -316.

En la fotografía de la figura 2.16 se muestran dos cordones de soldadura realizados para la fabricación del tubo. No hay vestigio alguno de corrosión, lo que demuestra que se usó el material de aporte adecuado (AWS E – 316L – 16), el material base adecuado y, con seguridad, los parámetros de soldadura correctos.

En la figura 2.17 se ha incluido un diagrama que hace una zonificación de utilización de diversos materiales, en presencia de ácido sulfúrico, dependiendo de la concentración de éste en la solución, y de la temperatura de la solución. La Tabla 5 contiene los materiales recomendados para las distintas zonas. Puede verse en esta tabla que tanto el acero SAE 316 como el 316L son aceptables para las zonas 1 y 2, donde trabaja esta solución. Sin embargo, como se verá en el punto siguiente, para la elección definitiva, deben tenerse en cuenta otras consideraciones.

Figura 2.16. Soldadura de fábrica

Tabla 2.3. Materiales recomendados según la concentración y temperatura del ácido sulfúrico de acuerdo al diagrama de la figura 2.17.

MATERIALES	ZONAS DE APLICACIÓN
Aceros al carbono	4, 8
Acero inoxidable 304	4, 8, 9
Aceros inoxidables 316, 316L, 317	**1, 2, 8, 9**
Bronce al Aluminio ; Cobre (No aireados)	1, 2
Metal Monel (No aireado)	1, 2, 3
Plomo	1, 2, 3, 4, 5
Hastelloy B	1, 2, 3, 4, 5, 6
Hastelloy C	1, 2, 3, 4, 5, 6, 8
Carpenter 20	1, 2, 3, 4, 5, 8
Hierro - Silicio	1, 2, 3, 4, 5, 6, 7
Hierro - níquel	2, 4
Circonio	1, 2, 3, 4
Materiales plásticos	1,2 (Hasta sus límites de temperatura)
Teflón	1, 2, 4 (Hasta 180 °C)
Gomas	1, 2 (Hasta sus límites de temperaturas)
Grafito, Ebonita	1, 2, 3, 4, 5
Vidrio, Porcelana	1, 2, 3, 4, 5, 6, 7, 8, 9, 10

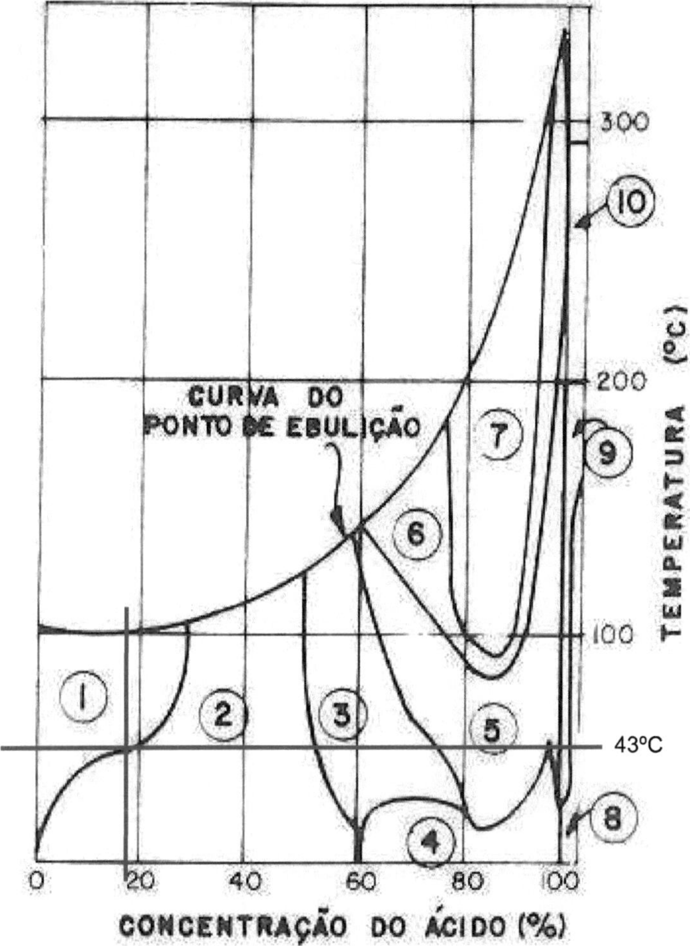

Figura 2.17. Zonas de aplicación de Materiales en ácido sulfúrico

El análisis de las cuatro situaciones descritas muestra que se dieron las condiciones para que se activaran estos cuatro mecanismos de falla por corrosión, siendo el más preponderante el fenómeno combinado de pitting y corrosión en hendidura, seguido de corrosión galvánica del tubo debido a que el PREN calculado hace suponer que es ligeramente más anódico que el material del flange. La figura 2.13 muestra claramente cómo la corrosión "se comió" literalmente el tubo, flange y material de aporte.

2.7. CONCLUSIONES

La causa más probable de falla es la acción combinada del pitting y corrosión en hendiduras, la cual fue notablemente más severa en el tubo, pero que también afectó al flange y al metal de aporte. La causa de ello fue la combinación de los materiales SAE 316 y 316L. Bajo la acción del ácido sulfúrico y la presencia de iones cloruro, el tubo se transformó prácticamente en anódico corroyéndose más rápidamente que el flange.

2.8. RECOMENDACIONES

- Usar acero SAE 316L tanto en el flange como en el tubo. La combinación de ambos da origen a la corrosión del tubo. Este acero, como se muestra en el diagrama de la figura 17 y Tabla 5 es perfectamente resistente al ácido sulfúrico en las condiciones de operación, pero no puede estar conectado con otro acero ni ser soldado con un electrodo distinto al electrodo AWS E 316L – 16.
- Usar electrodo AWS E - 316L - 16. Por ningún motivo se debe aceptar electrodo AWS E – 316 - 16, debido a que éste tiene suficiente carbono para originar corrosión intergranular.
- El acero SAE 316 no es recomendable, debido a que al soldarse se sensibiliza y se vuelve susceptible a la corrosión intergranular.
- Requerir de un procedimiento de soldadura, de modo que se usen los parámetros de soldadura adecuados (Voltaje, corriente, velocidad del alambre, forma de depositación, precalentamiento, diseño de la unión, etc.)

CASO 3: Análisis de falla a trozo de plancha fracturada de tolva de camión de extracción.

3,1 DESCRIPCIÓN: Se recibe un trozo de plancha fraturada de una tolva, la cual se muestra en la fotografía de la figura 3.1.

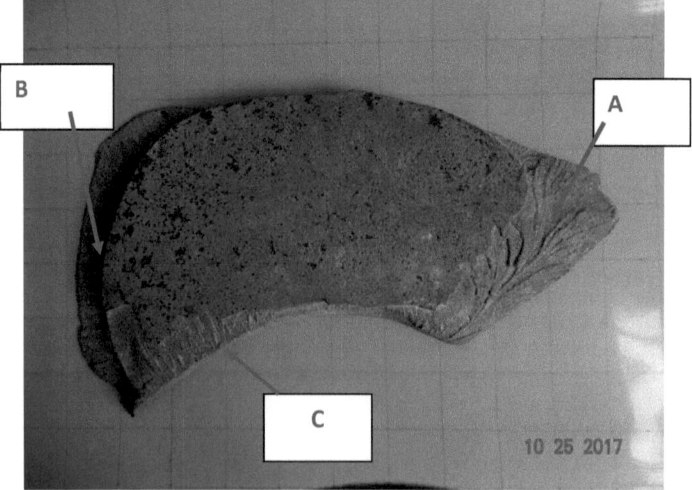

Fig. 3.1. Trozo de plancha fracturada recibida para estudio

En la figura 1 se han marcado como A, B y C, tres zonas de la superficie de fractura que muestran características topográficas diferentes. En la fotografía de la figura 3.2 se muestra una ampliación de la zona A de fractura la que permite observar los llamados chevrones, conocidos también como marcas de río (river marks), espinas de pescado o jinetas de sargento. Estos chevrones son típicos de las fracturas frágiles intergranulares producidas por alto impacto.

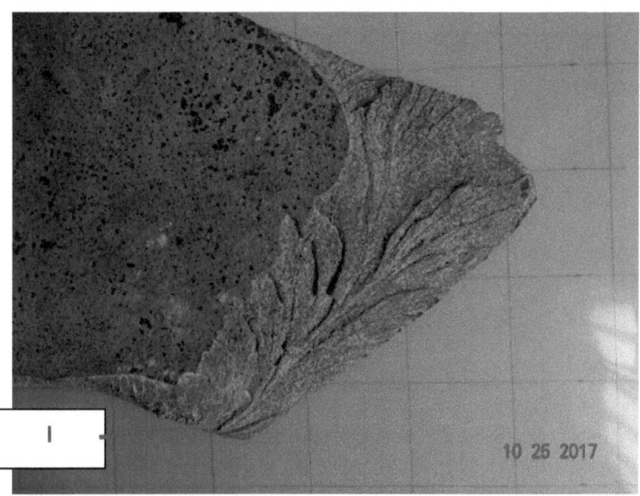

Fig. 3.2. Ampliación zona de fractura A que muestra chevrones que apuntan hacia el punto I, que puede ser probablemente un inicio de agrietamiento. En la fotografía de la figura 3.3 se observa cómo estos chevrones van cambiando de plano, en forma ascendente, a medida que avanza la grieta, formando verdaderas terrazas.

Fig. 3. Cambio de planos en ascenso de los chevrones

La flecha en la figura 3.3 indica la dirección de avance de la grieta.

La fotografía de la figura 3.4 es una ampliación de la zona B, que muestra una topografía de la superficie de fractura distinta a la zona A. En la parte inferior se observa un ligero desgarro vertical, pero después la grieta avanza en promedio unos 25 mm en forma transversal, casi paralelamente al plano de laminación de la plancha. Posterior a este avance horizontal, la grieta continúa desgarrándose a través del espesor.

Fig. 3.4. Ampliación fractura zona B.

La fotografía de la figura 3.5 es una ampliación de la zona C, cuyo extremo derecho es contiguo a los chevrones de la zona A. Esta zona también muestra chevrones producidos por impacto, pero estos son verticales, que apuntan a otro punto probable de inicio de la fractura, marcado por I.

Figura 3.5. Chevrones en plano vertical en la zona C.

La diferencia fundamental de estos chevrones con los los figura 2, es que éstos están en un plano vertical, mientras que los de la figura 5 están en diversos planos horizontales, en escalones ascendentes.

3.2. ANTECEDENTES

La información recibida indica que un trozo de roca de unos 0,25 m^3, es decir W = mg = 6000 N, aproximadamente 600 kgf, cayó sobre el piso de la tolva de unos 6 metros de altura.
Si se aplica el principio del trabajo y la energía se obtiene:

$$Wh = mgh = \frac{1}{2}mv^2 \qquad (3.1)$$

De donde:

$$v = \sqrt{2gh} = \sqrt{2 \times 9{,}81 \times 6} = 10{,}81 \approx 11\, m/s$$

Ahora se aplica el principio del Impulso y cantidad de movimiento para obtener la fuerza de impacto o fuerza dinámica F_D.

$$mv = F\Delta t \qquad (3.2)$$

Si suponemos que el impacto es casi instantáneo, éste se produce en sólo una fracción de segundo, por lo que se supondrá Δt = 0,1 s.

Entonces, de la ec. (3.2):

$$F = \frac{600 \times 11}{0{,}1} = 66.000\, N \sim 6.600\, kgf$$

El material tiene una dureza de 420 HB, por lo que cabe esperar una Resistencia a la tracción de 140 kg/mm^2. Estos materiales de alta dureza y resistencia, prácticamente no tienen tensión de fluencia, por lo que casi sin excepción se fracturan en forma frágil. La resistencia al corte será del orden de 70 kg/mm^2. Es decir, si la roca golpea el piso con una arista, la fuerza de impacto es capaz de abrir una muesca en V, similar a la de la probeta del ensayo de Charpy de unos 2 mm de profundidad por unos 54 mm de longitud.
El esfuerzo de corte necesario para efectuar esta muesca es:

$$\tau = \frac{6.600}{45 \times 2} = 73{,}3 > 70\, kg/mm^2$$

Producida esta muesca se transforma en un concentrador de esfuerzos que puede hacer que el esfuerzo se multiplique por 2 o más, pudiendo llegar hasta valores de 4 o 5, dependiendo del grado de agudeza de la muesca.

3.3. ANALISIS DE LAS FRACTURAS

ZONA A

La forma de terrazas en que avanza la grieta sugiere que la grieta encontró planos débiles que detuvieron el avance vertical de la grieta e hicieron que ésta se desplazara en forma horizontal. Esto sucede cuando la grieta encuentra en su camino una discontinuidad en el plano horizontal, paralelo al plano de laminación. En la figura 3.6 se muestran una serie de discontinuidades producidas en la laminación.

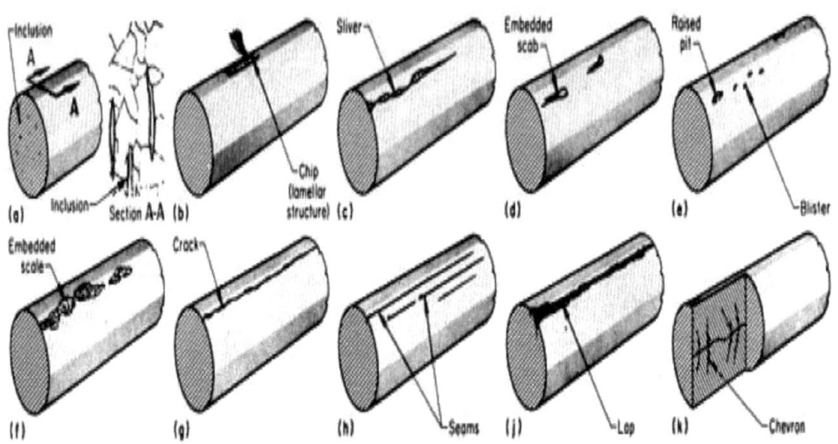

Fig. 3.6. Defectos de conformación

En la figura 3.7 se muestra un defecto interno conocido como delaminación. La delaminación es una de las irregularidades materiales más importantes que afectan la resistencia de los materiales bajo cualquier tipo de carga. La delaminación se puede describir como la separación de capas entre sí o la formación de capas no conectadas. La irregularidad de delaminación puede formarse durante la etapa de fabricación de un elemento estructural, cargas de servicio y otros efectos como la corrosión.

Fig. 3.7. Delaminación en acero

La figura 3.8 muestra diveros caminos que puede seguir una grieta cuando encuentra en su camino defectos de delaminación. En todos los casos se observan dos delaminaciones, una inferior y una superior. Todas las grietas se inician en la parte inferior.

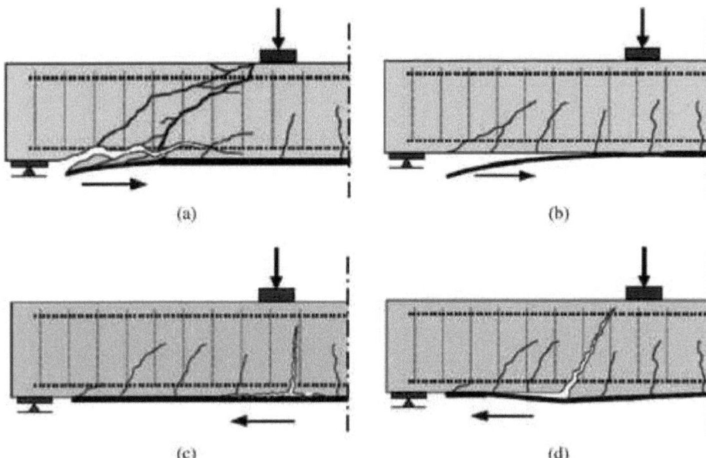

Figura 3.8. Diversos caminos de propagación de una grieta atravesando delaminaciones

En la figura 3.8(a) se inicia una grieta en la parte inferior, la izquierda continúa avanzado en forma oblicua a través del material; la importante de la grieta avnza casi horizontalmente hasta que se inicia una segunda grieta pequeña que se junta con una tercera que avanza también en forma oblicua hasta que se une a la primera, en la superficie superior, provocando la fractura del material.

En las figuras 3.8 (b) y (c) hay agrietamiento múltiple, pero las grietas no avanzan a través de las delaminaciones, probablemente porque éstas son pequeñas y no constituyen una fuerte debilidad como para dominar la fractura.

ZONA B

La zona B muestra una grieta que crece verticalmente sólo un par de milímetros y ahora se desplaza horizontalmente sobre una delaminación hasta que ésta se termina y desde ahí la grieta se propaga de nuevo verticalmente mediante desgarramiento frágil hasta que alcanza la superficie superior.

ZONA C

La zona C es una zona de desgarramiento puro, conocida también como escisión o clivaje. Esta es la superficie de fractura típica que deja una fractura por carga de impacto, donde no se han encontrado otro tipo de defectos, como es el caso de las delaminaciones. Para fines de comparación, en la figura 3.9 se ha incluido una fotografía de una fractura frágil, con marcas de chevrones, obtenida del Metals Handbook de ASM, Volumen 11.

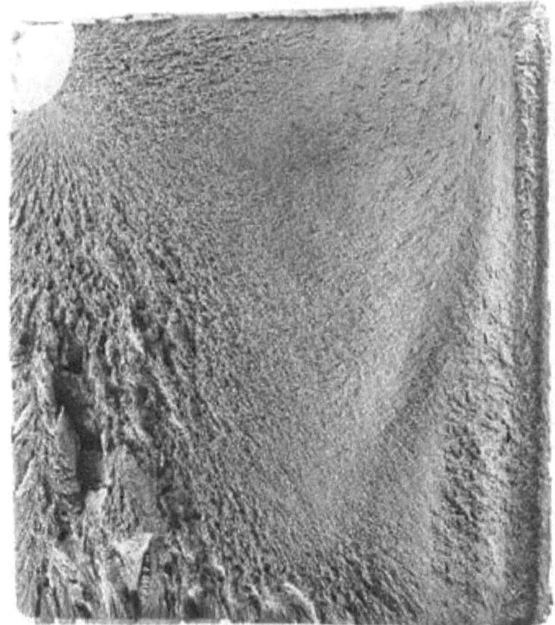

Figura 3.9. Marcas de chevron [Metals Handbook, Volumen 11]

3.4 CONCLUSIONES

- La más probable causa de la fractura fue la combinación de una carga de alto impacto (fuerza dinámica equivalente a una carga estática de 6.600 kgf) y de la presencia de delaminaciones que debilitaron el material.
- No es posible establecer la secuencia de eventos, pero lo más probable es que la fractura se haya iniciado en la zona A, con mayor densidad de delaminaciones, haya continuado en la zona B, para finalizar con desgarramiento completo en la zona C.
- Es altamente probable que la presencia de delaminaciones haya contribuido fuertemente a la fractura, por lo que es posible que sin la presencia de éstas, el material pudo resistir la carga de impacto.
- Es posible distinguir si las delaminaciones estaban presentes cono defectos de laminación o se generaron por clivaje debido al impacto. Si se han generado por impacto, éste debió producir sólo una delaminación, por lo tanto, la presencia de delaminaciones múltiples, hace más probable que éstas se hayan originado como defectos durante el proceso de laminado.

3.5. RECOMENDACIONES

- Se considera conveniente que la empresa adquiera planchas certificadas, de modo que se asegure que su materia prima está libre de defectos internos.
- Sin perjuicio de lo anterior, la empresa puede implementar su propio servicio de control de especificaciones, de tal manera de poder respaldar la calidad de sus productos y poder así asegurar la calidad.

CAPITULO 6

RECOMENDACIONES PARA LA PREVENCION DE FALLAS EN MATERIALES

En los capítulos anteriores se ha realizado un intento por enunciar y describir los modos de falla más frecuentes y las causas que dan origen a estos modos de falla en servicio, de modo que un análisis exhaustivo de estas causas y de los fenómenos mecánicos, químicos y metalúrgicos asociados a ellas, debe permitir que se eviten errores que sean conducentes a fallas prematuras.

La serie de Normas ISO 9000, homologadas en nuestro país por el Instituto Nacional de Normalización, INN, contienen un conjunto de prácticas que, de aplicarse correctamente, debe eliminar o, por lo menos minimizar, las probabilidades de fallas en servicio. En estas Normas se detallan las actividades que deben realizarse para asegurar la calidad en las diferentes etapas de un producto:

- Diseño
- Adquisición de materias primas
- Producción
- Inspección y Control
- Instalación y Montaje

Las actividades de control, monitoreo y toma de decisiones durante la operación normal de los equipos, se encuentran suficientemente bien detalladas en los manuales de mantenimiento preventivo y/o predictivo. Cuando no existen estos Manuales, es prioridad número uno la elaboración y seguimiento riguroso de las prácticas de mantenimiento contenidas en ellos.

6.1. CONTROL DE DISEÑO

Un buen diseño debe contener especificaciones completas, detalladas y precisas de los materiales, tratamientos térmicos (temperaturas, tiempos de permanencia en el horno, medio de enfriamiento, etc., según corresponda), dimensiones y tolerancias dimensionales.

Debe ponerse especial cuidado en la localización de los agujeros, chaveteros, cambios de sección y en la cuantificación de los radios de enlace y de las tolerancias.

En lo posible, debe tenerse la documentación de respaldo que se ha generado en la etapa de diseño, conteniendo a lo menos:

- Memoria de cálculos
- Criterios de diseño
- Determinación de cargas de trabajo
- Selección de materiales
- Determinación de parámetros de operación

6.2. CONTROL DE MATERIAS PRIMAS

Todos los materiales metálicos adquiridos a proveedores externos y los que se encuentran en poder del fabricante deben ser cuidadosamente identificados y contar con la certificación correspondiente en que conste a lo menos:

- Composición química.
- Dureza.
- Tensión de fluencia y Resistencia a la tracción.
- Porcentaje de alargamiento y de reducción de área en el ensayo de tracción.
- Tratamientos térmicos, cuando corresponda.
- Otros, según los requerimientos del componente: resistencia al impacto, creep, resistencia a la fatiga, resistencia a la corrosión, etc.

6.3. CONTROL DE MANO DE OBRA

Todo el personal debe ser entrenado adecuadamente. El personal que ejecuta procesos especiales, tales como soldaduras, tratamientos térmicos y ensayos no destructivos, debe ser entrenado y calificado por los organismos competentes.

6.4. CONTROL DE PROCESOS

Todos y cada uno de los procesos deben ejecutarse en concordancia con los parámetros establecidos en las respectivas especificaciones.

6.5. TRATAMIENTOS TERMICOS

Teniendo en cuenta lo que se ha descrito en los capítulos anteriores, los tratamientos térmicos defectuosos son una de las principales fuentes de fallas en servicio, razón por la cual e, control de ellos es de vital importancia.

El Departamento de Ingeniería, o de Diseño, deberá especificar claramente todas y cada una de las etapas, incluyendo todos los parámetros necesarios, tales como tiempo de calentamiento de la pieza, temperatura y tiempo de permanencia en el horno, medio de enfriamiento, velocidad de enfriamiento, temperatura del medio de enfriamiento, medio de enfriamiento (agua, aceite, aire, sales fundidas), precauciones previas y posteriores, tales como precalentamiento y post calentamiento, etc.

6.6. CONTROL DE OPERACIÓN

Tal como ya ha sido indicado, otra fuente frecuente de falla en servicio es el incumplimiento de las especificaciones de operación. Por esta razón, es imprescindible el control continuo para que los parámetros de operación se mantengan dentro de los rangos estipulados en las especificaciones de los equipos; tal es el caso de las temperaturas de servicio, cargas de trabajo, velocidades y aceleraciones, frecuencia del mantenimiento, control del medio ambiente, etc.

REFERENCIAS BIBLIOGRAGICAS

[1] Alberto Monsalve Gonzáles, Apuntes "Análisis de Fallas", Departamento de Ingeniería Metalúrgica, Universidad de Santiago, Chile.

[2] Raúl Henríquez Toledo, Apuntes "Análisis de Fallas", Departamento de Ingeniería Mecánica, Universidad de Antofagasta, Chile.

[3] American Society for Metals, "Metals Handbook", Vol 11., 8ª Edición.

[4] Aníbal Oscar García, "La Ingeniería Forense", Internet

[5] Pablo Vélez, "Ingeniería Forense", Boletín 139 INDISA, Junio 2015.

[6] www.hysla.com/top-10-peores-accidentes-industriales/. 2014

[7] www.ISO.ORG. ISO 14224: 2016: "Petroleum, petrochemical and natural gas industries — Collection and exchange of reliability and maintenance data for equipment".

[8] API RP 581, Risk based Inspection Methodology.

[9] ASTM E 1823, Standard Terminology Relating to Fatigue and Fracture Testing

[10] Raúl Henríquez Toledo: "Curso Corrosión, Desgaste y Recubrimientos", Universidad de Antofagasta, 2017.

[11] Raúl Henríquez Toledo: "Curso Selección de Materiales", Magister en Ingeniería y Tecnología de los Materiales", Universidad de Antofagasta, 2017.

BIBLIOGRAFIA GENERAL

1) Sidney H. Avner: "Introducción a la Metalurgia Física"
2) Robert E. Reed – Hill: "Principios de Metalurgia Física"
3) Charles Lipson: "Importancia del desgaste en el diseño"
4) J. A. Collins: "Failure of Materials in Mechanical Design"
5) American Society for Metals: "Case Histories in Failure Analysis"
6) A.S.M.E.: "ReliabilitY, Stress Analysys and Failure Prevention Methods in Mechanical Design".
7) American Society for Metals: "Source Book on Wear Control Technology"
8) Ralph I. Stephens, ASTM: "Case Studies for Fatigue Education"
9) J.F. Knott and P.A. Withey: "Fracture Mechanics"
10) A. S. Tetelman and A. J. McEvily: Fracture of Structural Materials"
11) P. Neuman: "Fatigue"
12) William F. Smith: "Fundamentos de la Ciencia e Ingeniería de Materiales"
13) V. J. Colangelo and F. A. Heiser: "Analysis of Metallurgical Failures"
14) Peter A. Thornton y Vito J. Colangelo: "Ciencia de Materiales para Ingeniería"

yes

I want morebooks!

Buy your books fast and straightforward online - at one of the world's fastest growing online book stores! Environmentally sound due to Print-on-Demand technologies.

Buy your books online at

www.get-morebooks.com

¡Compre sus libros rápido y directo en internet, en una de las librerías en línea con mayor crecimiento en el mundo! Producción que protege el medio ambiente a través de las tecnologías de impresión bajo demanda.

Compre sus libros online en

www.morebooks.es

OmniScriptum Marketing DEU GmbH
Bahnhofstr. 28
D - 66111 Saarbrücken
Telefax: +49 681 93 81 567-9

info@omniscriptum.com
www.omniscriptum.com

Printed by Books on Demand GmbH, Norderstedt / Germany